リサイクル・バイオ燃料が切り拓く新たなビジョン

―使用済み食用油のエネルギー利用―

泉谷眞実・野中章久・金井源太・小野洋 共著

弘前大学出版会

目次

はじめに─本書を手に取られた方へ─

本書のテーマは、使用済みの食用油をエネルギーとして利用する「リサイクル・バイオ燃料」についての最新の研究と実践の成果を紹介し、その利用の可能性について考えていくことです。

日本での食用油の消費量は第二次世界大戦後に大きく増加しました。食用油は植物油と動物性の油がありますが、植物油の一人一年当たりの供給量を見ると１９６５年にはおよそ5キログラムでしたが、２０００年に14キログラムへとおよそ3倍に増加しています。[1] 供給熱量の構成比でも油脂類（食用油、バター、マヨネーズを含みます）は１９６５年には全体の7％にすぎませんでしたが、１９９６年には14％まで増加し、現在まで横ばいで推移しています。お米の割合が２０１５年で22％ですから、いかに油脂類の割合が高くなったかがわかります。[2] また、同じ時期に日本の一次エネルギー供給量も急増しました。１９６５年には6エクサジュールだったものが、１９９５年には22エクサジュールへとおよそ4倍に増加し、その後は横ばいで推移しています。[3] 現在の私たちの生活にとって食用油とエネルギーの二つは、なくてはならないものになりました。

しかし、国内での食用油の供給能力とエネルギー自給率を見ると心許ない状況です。２０１５年の油脂類の総合食料自給率（カロリーベース）は3％に過ぎません。食料全体では39％ですから、油脂類の数値は食料の中でも相当低い水準だとい

エクサ＝10の18乗

総合食料自給率
国内で消費される食料のうち、どの程度を国産で供給しているか

えるでしょう。[4] また、日本のエネルギーの自給率は2015年で7%にすぎません。[5]

他方、化石エネルギーや原子力に依存した従来までのエネルギーの利用にさまざまな困難な問題が起きる中で、再生可能エネルギーへの取り組みが世界的に進められています。そして、風力や太陽光とならんで、動植物性の再生可能資源、すなわち「バイオマス」も重要なエネルギー源の一つとして考えられています。

食用油はエネルギーとして利用可能なバイオマスの一つです。その利用方法には、①直接ボイラーなどで燃やす熱利用、②自動車やトラックなどの輸送用燃料（車両系）として使う方法、③発電機で利用する方法に分けられます（詳しくは第1章）。食用油はナタネや大豆などの植物から生産されますが、これらの植物は土壌と水、二酸化炭素と栄養分があれば、その地域に適した作物をどこでも生産することができます。また、適切に栽培を行えば永続的に得られる資源です。さらに、消費の際に発生した二酸化炭素は、翌年に作付けして生産することで吸収されるため、エネルギーとして使用しても地球温暖化の原因となる二酸化炭素を増やさないというメリットがあります。

しかし、食料となる植物をエネルギーとして利用することは、世界的に食料が不足する中では多くの問題をはらんでいます。ヨーロッパでも食料を燃料として利用することに対して、さまざまな規制が行われ始めています（詳しくは第6章）。さらに生産量に限りがありますので、大量にエネルギーとして使用することには慎重になるべきです。

を示す数値です。畜産物については輸入飼料を使用した分は国産にカウントされていません。カロリーベースと金額ベースがあります。

このような中で、食用として使用した後の廃棄物である使用済み食用油をエネルギーとして利用する取り組みが日本を含むいくつかの国で行われてきました。このような使用済みのバイオマス資源をリサイクルして作られた燃料を本書では「リサイクル・バイオ燃料」と呼んでいます。日本のように食料を輸入に頼る国では食料をエネルギーとして利用することは難しいため、リサイクル・バイオ燃料の利用は特にメリットが大きいと考えられます。日本では１９７０年代に水質汚染のような環境問題が深刻化する中で、使用済み食用油を石けんに加工して使用する取り組みが始まりました。その後、１９８０年代に入ると無りん洗剤が普及するにつれて石けん用途が過剰となり、１９９０年代に自動車用の燃料としての利用が進められました。[6]また、都市部では海外からの安い油脂の輸入が行われるようになり、使用済み食用油が余り始めました。その中で自動車用燃料の生産を開始した事業者がありました。[7]

しかし、新型のクリーンディーゼルエンジンを積んだ自動車への買い換えが進んでいるため、使用済み食用油をバイオディーゼル燃料に変換して輸送用燃料として利用することがだんだん難しくなってきています。一方、２０１２年に再生可能エネルギーの固定価格買取制度（ＦＩＴ）ができたことで、使用済み食用油の発電での利用が進んでいます。例えば、コンビニエンスストアチェーンのローソンでは２０１６年から店頭調理の際に出た使用済み食用油をバイオディーゼル燃料に加工し、店舗で発電燃料として使用し、二酸化炭素の排出削減と電気料金の節約に取り組んでいます。[9]また、沖縄県の大幸産業は２０１６年から発電事業を行い、ＦＩＴ

例えば、全国バイオディーゼル燃料利用推進協議会が２０１２年に行ったアンケート調査によると、回答した燃料製造者40事業者の全てが使用済み食用油（廃食油）を利用しており、ナタネ油、大豆油、ひまわり油を直接利用している割合はゼロ％という結果が出ています。【注8】

電力の固定価格買取制度（ＦＩＴ）

再生可能エネルギーによる発電を普及するため、電力会社に対しこれらのエネルギーで発電された電気を一定期間、固定価格での買い取りを義務づけた制度です。通常フィット（ＦＩＴ：Feed-in Tariff）と呼ばれます。具体的にの認定を受けて売電を行っています。[10] しかし、他方ではこの制度を利用して未使用の食用油（パーム油）を発電に利用する計画も増加しています。[11]本書では、第1章で使用済み食用油をエネルギーとして利用する方法とそのメリットについて説明します。

第2章では、使用済み食用油を利用するための前提として、どのように排出され、どのような方法で回収されているのかを見ていきます。そこでは自治体や流通業など多様な主体の地道な取り組みが明らかにされます。

第3章では、家庭から排出された使用済み食用油の品質の特徴を見ていきます。

第4章では、輸送用燃料としてのバイオディーゼル燃料利用の全国的な動向と課題を紹介します。また、東日本大震災の時にいかにバイオディーゼル燃料が重要な役割を果たしたのかを見ていきます。

第5章では、新たな用途として期待されている発電燃料としての利用について見ていきます。輸送用燃料としての利用は新型ディーゼルエンジンが普及する中で難しくなっているため、発電利用が検討されています。その試験結果と実際の農業利用の可能性について見ていきます。

最後に、第6章ではバイオディーゼル燃料利用先進国・ドイツの動向について紹介します。

は太陽光、風力、出力3万キロワット未満の水力、地熱、バイオマスが該当します。わが国では2012年から開始されました。

本書は、以下のような読者を想定して書かれました。

第一に、家庭で調理に携わる方たちです。使用済み食用油は家庭から多く発生します。調理に携わる方たちに使用済み食用油を利用することはさまざまなメリットがあることを知っていただき、身近にその利用をしようとしている団体があればぜひ協力してほしいと思っています。

第二に、使用済み食用油を利用している事業者およびこれから利用しようとしている事業者の方たちです。実際に事業を進めていくと、本書で見ていくようなさまざまな問題が起きています。その課題を共有し、ネットワーク化し、解決にむけた取り組みを進めるに際して、本書の情報が少しでも役立てばと思います。

第三に、これらの事業を支援する自治体や生協・農協などの方にも読んでいただきたいと思います。これらのリサイクル事業は、個々の事業者の取り組みをサポートする自治体や協同組合の存在が不可欠です。自治体や協同組合の皆さんにもこれらの事業の効果や課題をご理解いただき、支援してほしいと考えています。

第四に、環境問題や資源の利用に関心を持つ全ての方、特にこれからの時代を担う若い世代である学生の皆さんにも本書を手にとって、未利用資源の活用が多くの可能性を持っていることを知っていただければと思います。

なお、本書では使用済み食用油利用の法律的な側面についてはほとんど触れられていません。実際にはさまざまな法律面での規制があります。そのため、読者の皆さんが取り組みを行ったり、検討したりする場合には、お住まいの市町村の担当窓口に相談をすることをおすすめします。

使用済み食用油のエネルギー利用などの化石燃料使用量の削減への取り組みは、化石燃料の価格が高くなったときには前進しますが、価格が下がると停滞するという課題があります。しかし、化石燃料価格の変動に振り回されずに、これらの取り組みを続けることが環境を守ることや資源の有効利用を進める上で重要です。また、使用済み食用油の用途はその時代のニーズに合わせて石けんから自動車用燃料へと柔軟に変わってきました。私たちは、今の時代に必要な用途で使用済み食用油を利用することに挑戦していくことが必要だと思います。

本書を通して、使用済み食用油の利用の可能性についての多くの人に知ってもらい、その利用の取り組みが少しずつでも広がることを期待しています。

（泉谷眞実）

（注）

1 日本植物油協会ホームページ「植物油の道」（２０１７年8月1日閲覧）。
2 農林水産省「平成28年度　食料・農業・農村白書　参考統計表」。
3 経済産業省「エネルギー白書　２０１７」。
4 農林水産省「平成28年度　食料・農業・農村白書」。
5 経済産業省「エネルギー白書　２０１７」。エネルギー自給率は原子力を含む数値。
6 藤井絢子他編著『菜の花エコ革命』創森社、２００４年。
7 染谷ゆみ『ＴＯＫＹＯ油田物語』一葉社、２００９年。
8 全国バイオディーゼル燃料利用推進協議会ホームページ「平成25年度調査（平成24年度実績）結果／抜粋」（２０１７年8月1日閲覧）。
9 朝日新聞デジタル「からあげクン発電？　ローソン、廃油を燃料化して活用へ」２０１６年1月31日配信（２０１６年2月1日閲覧）。

10　沖縄タイムスホームページ「国内3例目　天ぷら廃油で発電　沖縄で5月供給開始」２０１６年２月26日配信（２０１６年２月27日閲覧）。

11　朝日新聞（朝刊）「パーム油発電　計画申請急増」２０１７年12月７日付。

コラム

バイオマスエネルギーについて

再生可能な動植物性の資源を総称して「バイオマス」と呼んでいます。動植物性の資源にはさまざまなものが含まれますが、化石資源とは正反対の三つの優れた特性、（1）再生可能であること、（2）地域で供給できること、（3）大気中に二酸化炭素を増やさないカーボンニュートラルという特性があります。また、一般的には食用以外での利用目的（エネルギー原料、工業製品原料、農業資材（肥料や飼料））をもつものをさしています。

バイオマスは、廃棄物や未利用資源のように副産物を利用する形態と、主産物としてそれ自体を利用する目的で生産されるもの（例えばエネルギーとして使用するために植物油を生産する場合）に分けられます。資源の少ない日本のような国は、主産物としてバイオマスを利用することは難しいので、廃棄物や未利用資源を活用することが有益です。代表的なバイオマスは廃棄物系ですと家畜のふん尿、果実ジュースの搾りかすが、未利用資源では稲わらや果樹剪定枝があげられます。

本書で取り上げる使用済み食用油は代表的なバイオマスの一つといえます。使用済み食用油のエネルギー利用は、バイオマスのエネルギー利用の一つの形態として位置づけられます。

バイオマスをエネルギーとして利用する場合、その形状によって利用方法が異なります。燃料は大きくは固体燃料、液体燃料、気体燃料に分けられます。[1] 固体燃料はバイオマスでは木質燃料が中心で、化石燃料でいうと石炭に相当します。液体燃料には本書で取り上げた植物油も含まれ、その他にバイオエタノールがあげられ、化石燃料ではガソリンや軽油、灯油が相当します。気体燃料には家畜のふん尿や食品廃棄物をメタン発酵させることで得られるメタンガスや、固体燃料をガス化して得られる燃料があり、化石燃料では石油ガスや天然ガスが相当します。いずれの燃料も燃やすことによって熱を取り出せますし、その熱を使って電気を起こすこともできます。液体燃料や気体燃料は輸送用の機械を動かすことができますし、エンジンで発電することもできますので、固体燃料よりも汎用性が高いのが特徴です。本書で取り上げる使用済み食用油のエネルギー利用では、この汎用性の高い液体燃料としての利用が中心になります。

（泉谷眞実）

（注）
1　水谷幸男『燃焼工学入門』森北出版株式会社、２００３年。

第1章　エネルギー利用の方法とメリット

使用済み食用油の用途として、エネルギー利用の他に家畜のえさや石けんの原料としての利用があります。エネルギーとして利用する方法は、①直接燃やすことによる熱利用、②輸送用（車両用）燃料利用、③発電利用に分けられます。ここではその利用方法と利用するメリットについて紹介します。

1 使用済み食用油をエネルギーに

食用の油を燃料にできるのか？

天ぷら油など家庭で使う食用油は、植物油が主体といえます。植物油の燃料利用について、表1-1にまとめました。これらを燃料として利用する場合、原料植物油を脂肪酸メチルエステルに変換して、軽油の代替として利用する方法が一般的です。変換された脂肪酸メチルエステルは「バイオディーゼル」とも呼ばれていま す。この方法では、軽油の代わりにディーゼルエンジンの燃料として使うわけですから、さまざまな利用場面が考えられます。変換装置も比較的簡単な構造のものもあり、ある程度の普及はしていますが、原料としてメタノールが必要であり、また、

表1-1　主な植物油燃料の種類

植物油由来の燃料	変換済み植物油 ＝軽油代替燃料（BDF，Bio-Diesel Fuel、通称）	脂肪酸メチルエステル ＝FAME：Fatty Acid Methyl Ester
	無変換植物油	未使用の植物油：SVO （Straight Vegetable Oil）
		植物油主体の廃食油：WVO （Waste Vegetable Oil）

（資料）筆者作成。

副産物としてグリセリンが発生するため、変換作業に当たってはこれらの取り扱いや処理を考慮する必要があります。

一方で、原料となる油を濾過のみ、あるいは濾過と温湯洗浄など簡単な処理だけで、「バイオディーゼル」には変換しないで燃料として利用する方法もあります。

原料の植物油が未使用の油の場合は、ＳＶＯ（Straight Vegetable Oil）と呼ばれますが、ナタネを自家搾油した場合は、未使用油であってもナタネ由来のさまざまな成分が含まれているため、濾過や洗浄を行った方が望ましいこともあります。原料の植物油が使用済みの油の場合はＷＶＯ（Waste Vegetable Oil）と呼ばれ、天ぷらなどで使用したあとで利用する場合は、水分や塩分などに注意する必要があります。これらの油を「バイオディーゼル」には変換せずにそのまま利用するため、変換に用いる装置や薬品は不要となります。その点では手軽さはありますが、この手法ではエンジンの方をそれに対応させるために改造する必要があります。

活用場面の多いエンジンの燃料のほかに、品質劣化していても油として燃焼可能なことを利用して、使用済み植物油を廃油ストーブや大型の燃焼施設で他の燃料と混合して燃やす利用法もあります。しかし、単純で有効な方法ではありますが、せっかく液体燃料として多くの活用場面が想定できる植物油を燃やしてしまうというのは、限られた液体燃料である石油資源の枯渇が叫ばれる中では、もったいなく残念に思います。

なお、使用済み食用油と一口にいっても、家庭で数回揚げ物をした程度の油から、連続的に揚げ物を行う食品工場などから発生する油まで幅があり、不純物が含

温湯洗浄
油とお湯をよく混ぜて油中の水溶性の不純物をお湯に溶かし、その後、油層を分離することで、油を精製する方法。

まれる量や劣化の度合いなどさまざまです。ここでは、汚染や劣化の程度が軽い、一般的に家庭で発生する使用済み食用油について、活用方法の紹介をしていきます。

自動車燃料や発電の先行例

植物油のエネルギー利用方法と特徴について、**表1-2**にまとめました。ディーゼルエンジンの燃料として用いる場合は、変換利用、無変換利用とも、車両系での利用か発電機での利用に分けられます。バスやトラックなどの車両系での利用事例は全国で多く報告されているので、見聞きされたことがあるのではないかと思います。一方で、発電機利用については大きく取り上げられることはありませんが、徐々に知られてきているようです。

車両系では、例えばバスやトラック、農業用トラクターなどの事業用車での利用が代表的な用途です。屋外での移動に利用するので、植物油の燃料としての利用技術について周囲に知らせることができ、普及に役立ちますし、日々の活動の中で使用済み食用油を利用できるというメリットがあります。その反面、エンジン不調などのトラブルで走行不能となると代替車両を用意することは難しく、また、迅速に復旧できた場合でも、農作業や配達など本来業務への影響は大きく、リスクが高い利用法ともいえます。工場や作業場で圧縮空気を作るために使うエンジンコンプレッサーなどでの利用は、車両

表1-2　植物油のエネルギー利用方法と特徴

		変換利用：BDF	無変換（直接）利用：SVO、WVO
ディーゼルエンジン燃料	車両系	・エンジン改造不要 ・トラブル発生時、バックアップ困難（影響が大きい）	・エンジン改造必要 ・トラブル発生時、バックアップ困難（影響が大きい）
	発電機	・エンジン改造不要 ・系統電源利用で、バックアップ容易	・エンジン改造必要 ・系統電源利用で、バックアップは容易
燃焼燃料	火力発電混焼	・変換の必要なし	・炉内への投入方法、既存の燃料との投入バランスを検討する必要があるが、原理的に難易度は低い。
	熱利用	・変換の必要なし	・炉内への投入方法、既存の燃料との投入バランスを検討する必要があるが、原理的に難易度は低い。

（資料）筆者作成。

系のようにトラブル発生時に出先で立往生するといった問題にはならないものの、電気式コンプレッサーなどの予備が無ければ、やはりトラブル発生時には車両系と同様に業務への影響が大きいといえます。

車両系と比べると発電機での植物油の利用は、決まった場所での利用が中心で、建物の電源を予備として使える場合が多いため、トラブル発生時には既設の電源へ切り替えることで、業務への影響を小さく抑えることができるというメリットがあります。

（金井源太）

2 エネルギーとして利用するメリット

使用済み食用油をエネルギーとして利用することには多くのメリットがあります。ここではその意義について、3点紹介します。

環境負荷の低減と廃棄物の削減

第一にあげられるのは、環境負荷の低減と廃棄物の削減ができることです。

使用済み食用油が家庭の台所から下水道に直接流された場合、水質が汚染され、浄化のための水資源や費用が必要となります。例えば、使用済み食用油500ミリリットルのペットボトル1本分を台所から流した場合、「魚が棲める水質に戻すために必要な水量」は、15万リットル（浴槽750杯分、浴槽1杯＝200リットル換算）と言われています。[1]

このような水質汚染を避けるために、家庭では使用済み食用油を捨てるときに、新聞紙や布に吸収させる、あるいは市販の凝固剤を用いて固めて自治体の燃やせるごみとして出す必要があります。しかし、凝固剤を使用するとそれを購入するためのコストがかかります。市町村にとっては処理しなくてはならない焼却ごみが増え、自治体のごみ処理費用が増加します。

使用済み食用油をエネルギーとして利用することで、使用済み食用油による環境汚染を防止できます。また、家庭での費用と自治体の処理すべきごみを減らすことができますので、全体としてのごみ処理のための費用を減らすことができます。事業者にとっても、廃棄物として処理した場合には処理費用が発生しますが、エネルギーとして利用することでその費用を削減することができます。

地球温暖化の防止

第二に地球温暖化の防止に役立つことがあげられます。皆さんもよく知っているように地球温暖化問題は、地球規模で発生している深刻な環境問題の一つです。

日本政府は２０１５年に、２０３０年度の温室効果ガスの排出量を２０１３年度と比較して26%削減する目標をたてました。また、２０１６年に策定した「地球温暖化対策計画」で２０５０年までにその排出量を80%削減する長期目標を決めました。[2]しかし、日本の二酸化炭素の排出量は、リーマンショックにともなう経済の落ち込みが起きた２００８年と翌２００９年を除くと、京都議定書の基準年に決められた１９９０年以降は増加が傾向的には続いています。[3] このように、温室効果ガスの排出量をどのように削減するかは日本の大きな課題なのです。

京都議定書で日本に義務づけられた削減義務（２００８年から２０１２年の５年間平均で１９９０年比６％削減）も実排出量では達成できず、森林が吸収した分と京都メカニズムという排出する権利を海外から購入する方法で削減にカウントされた分を用いて達成しました。[4] そしてこの排出権の購入には７千億円の支払いが必要になったと推計されています。[5] この中で２０２０年からは温室効果ガス削減の新しい国際的な枠組みが始まります（パリ協定）。

食用油は植物から作られる再生可能な資源です。これらをエネルギーとして利用した場合に二酸化炭素が発生しますが、使用された分の植物を再び栽培することで光合成の際に吸収されます。このような仕組みの中で、植物から作られたエネルギーは使用しても大気中の二酸化炭素を増やさないという効果があります。これは地球温暖化の対策としても注目される大切な働きです。

ただし、食用油をエネルギーとして利用した場合、世界的に食料が不足する中では、食料不足を悪化させるという問題が発生します。しかし、使用済み食用油には食料と競合しないというメリットがあります。

エネルギー問題への貢献

第三に使用済み食用油のエネルギー利用は、日本が抱えるエネルギー問題の解決

京都メカニズムには、①排出量取引、②クリーン開発メカニズム（ＣＤＭ）、③共同実施（ＪＩ）の三つの方法があります。

に大きく寄与します。

日本の一次エネルギー自給率は２０１２年で６％です（原子力発電を含む数字）。この水準は先進国の中でも著しく低く、ドイツの40％、イギリスの60％、アメリカの85％と比較しても大きな隔たりがあります。[6]

また、一次エネルギーのうち、２０１４年度には石油は41％、石炭と天然ガスがそれぞれ25％を占めており、化石エネルギーが９割を占めています。最も大きな割合を占める石油を見ると、原油は２０１４年度には99％を輸入しており、原油の輸入先は中東地域が83％で、アメリカやヨーロッパ諸国と比較して高くなっています。[7] このように日本ではエネルギーを国内で確保できず、さらに特定の地域からの輸入に依存しているため、外部の要因によって供給量や価格が不安定になり、２００８年のような化石燃料の価格高騰が起きることになります。さらに購入に使われたお金はこれらの国に流出することにもなります。石油・ガスの購入による海外への所得の流出は２００８年には年間23兆円（ＧＤＰの５％）におよびます。[8]

さらに化石エネルギーや原子力エネルギーはいつかなくなります。各エネルギーの２０００年時点で推計された残余年数を見ると、石油は40年、天然ガス61年、ウラン72年、石炭２２７年となっています。推計値なのでこれ以外にも考え方がありますが、少なくともいずれは枯渇するといえます。[9]

このような中で、食用油のようなバイオマス資源は光合成によって再生可能な資源であることから、持続的なエネルギー原料の確保が可能となります。また、バイオマス資源は土壌と水、二酸化炭素と栄養分があればそれぞれの地域にあわせた作物を生産することが可能であり、原油のように特定の地域に依存する必要がないというメリットがあります。そして、お金の地域外への流出を防ぐことができます。

また、再生可能エネルギーの固定価格買取制度（ＦＩＴ）が２０１２年から始まり、再生可能エネルギーで発電された電気は固定価格で買い取り対象となりました。そこでは使用済み食用油は一般廃棄物に区分され、発電された電気は固定価格買取制度の対象になっています。

このように、使用済み食用油をエネルギーとして利用することは、地域で生活するレベルから地球規模のレベルまで大きく三つのメリットをもたらします。そのため、今以上に使用済み食用油の利用を進めることが必要なのです。

（泉谷眞実）

（注）

1　サントリーホームページ「水大事典」（２０１７年11月14日閲覧）。
2　環境省「地球温暖化対策計画」２０１６年5月13日。
3　全国地球温暖化防止活動推進センターホームページ「すぐ使える図表集」（２０１７年11月14日閲覧）。
4　地球温暖化対策推進本部「京都議定書目標達成計画の進捗状況」２０１４年7月。
5　毎日新聞ホームページ「海外からの排出権購入に7千億円」２００８年12月４日配信（２００８年12月５日閲覧）。
6　経済産業省「エネルギー白書　２０１４」。
7　経済産業省「エネルギー白書　２０１６」。
8　飯田哲也・鎌仲ひとみ『今こそ、エネルギーシフト』２０１１年、岩波書店。
9　環境省「平成14年度版　図で見る環境白書」。

コラム

日本の食用油の多くが実は輸入品!!

日本の食用植物油の総供給量は２０１５年で２６６万トンです。このうち最も割合が高いのがナタネ油の１０８万トンで全体の40％を占めています。ついでパーム油の62万トン（23％）、そして大豆油の44万トン（16％）となっており、この3種類で全体の8割を占めています。パーム油は全てが油の状態で輸入されていますが、ナタネ油と大豆油は大部分が原料で輸入され、日本国内で搾油されています[1]。

最も多いナタネ油ですが、同年のナタネ（搾油原料）の輸入量２４４万トンのうちカナダからが9割（２１４万トン）を占めており、大豆（搾油原料）では輸入量３２４万トンのうちアメリカからが7割（２３３万トン）を占めています[1]。このように日本では戦後に油脂類の消費が増加しましたが、特定の油を特定の国に依存しているのが現状です。

国内で自給できる植物油は、かつてはナタネ油の他にもたくさんありましたが、現在では米からとれる米油に限られています。これは玄米を精米した時に出る米ぬかを原料とした食用油です。ただし、国内での供給量は10万トンと植物油の総供給量の4％にすぎません[1]。また、国内で確保できる米ぬかが不足しているため、3割程度を輸入にたよっています[1]。

国産の米ぬかから作られた米油は遺伝子組換え原料から作られていないことが明確な油

脂類の一つです。対照的にその他の食用油では原料の大部分が遺伝子組換え作物であると考えられます。ナタネでは主な輸入先であるカナダでは遺伝子組換えナタネの栽培率は98％ですし、大豆の主な輸入先であるアメリカでの遺伝子組換え大豆の栽培率は93％です（２０１１年）[2]。そのため、学校給食で遺伝子組換え作物を避けている地域では、米油を使用している地域も見られます。

（泉谷眞実）

（注）
1　日本植物油協会ホームページ「植物油の道」（２０１７年8月1日閲覧）。
2　農林水産省「遺伝子組換え農作物の現状について」。

第２章 排出・利用状況と回収システム

使用済み食用油を利用するためには、それが排出される場所から回収し、リサイクル工場まで運ぶ必要があります。ここでは使用済み食用油の排出・利用状況と回収システムについて見ていきます。

１ 使用済み食用油の排出と利用

ここでは２０１３年の調査データがある植物油のみを対象にします。[1] 日本の食用植物油は１年間で２２９万トン消費されます。そして消費量のおよそ２割（43～45万トン）の使用済み油が出てきます。このうち外食産業や食品工場から全体の約７割（33～35万トン）が、一般家庭から残りの約３割（９～10万トン）が出てきています。圧倒的に食品関連業者からの排出量が多くなっています。

外食産業や食品工場から排出された油のうちおよそ７割が家畜のえさとして配合飼料に加えられます。また、石けんや塗料などの工業向けや燃料としての利用（バイオ燃料、ボイラー燃料）および輸出される分が１割程度あります。残りの２割は残念ながら捨てられています。外食産業や食品工場から発生する使用済み食用油の大部分は有効利用されているといえます。これに対して一般の家庭から排出された使用済み食用油のうち、バイオディーゼル燃料や石けんでの利用は1割にもとどかず、大部分（9割）は捨てられています。このように、家庭から排出される使用済み食用油の有効活用が課題になっています。

では、家庭からの排出状況と処理方法はどうでしょうか。これを見るには、2008年に農林水産省が行った消費者アンケート調査の結果が有益です。[2]このアンケートによると、植物油の1か月の平均使用量は300グラムと500グラムであるという人の割合がいずれも23％で最も多くなっていました。揚げ油については、使い切らずに捨てる人の割合が54％で、使い切る人の割合の37％を上回っていました。また、1か月に捨てる量は使用量の半分以上の人が57％で、使用量と同量という人も20％になりました。捨てる場合には、紙に染み込ませる人や（52％）、凝固剤を使って燃えるごみに出す人（27％）が多くなっていました。このような家庭での利用状況を前提に、家庭から排出される使用済み食用油の利用を考えていく必要があります。

次に、食品工場、外食産業、流通業などの食品関連事業者から排出される使用済み食用油について、同じく農林水産省の統計から見ていきましょう。[3]食品関連事業者から出る使用済み食用油のリサイクル率は上昇傾向にあります（2001年の63％から2007年には83％へ）。リサイクルの方法としては自社独自でリサイクルをしている割合は低く、他の事業者にリサイクル業務を委託する場合が中心になっています（2004年度で委託が92％）。また、「売却」の割合は低く（同18％）、「無償・自己負担」での処理の割合がかなり高くなっています（同78％）。用途では「油脂製品」が56％と半分以上を占めていますが、一部は家畜のえさとしても利用されています（12％）。「熱源」としてはほとんど利用されていないのが現状です（２００７年度）。

2 使用済み食用油の回収システム

使用済み食用油を資源として利用するためには、回収し、運ぶ必要があります。その際、できるだけ移動距離を短くすることと、できるだけ大量に運ぶことが理想的です。回収と輸送のためにかかる人件費や燃料費を可能な限り抑えるとともに、輸送車から発生する排気ガスや二酸化炭素をできるだけ減らすためです。

使用済み食用油の排出場所は、①家庭、②外食産業や小売店などの事業所、③食品工場（外食チェーン店のセントラルキッチンを含む）に分けられます。①から③にいくに従って一か所あたりの排出量は多くなり、排出場所の数は少なくなります。そのため、排出場所がたくさんあり、一か所から少量ずつ発生する家庭（①）からの回収が最も手間がかかり、排出場所の数が少なくて一か所からの排出量が多い食品工場（③）からの回収が最も容易であるといえます。そして、その利用率は①から③になるに従って高くなります。

使用済み食用油の回収方式については、（A）直接収集方式と（B）拠点回収方式に区分され、（B）はさらに「持参容器持ち帰り型」と「持参容器排出型」に分けられています。[4]

まず、（A）直接収集方式は、収集者が直接排出場所に回収に行く方式です。回収費用の面から一か所から大量に排出される事業所や食品工場からの回収で採用される方法です。収集者は回収の順番を効率的に計画したり、小規模事業所から回収の場合には何かを運んだ帰りに油を運んだりする場合もあります。

これに対して（B）拠点回収方式は、回収拠点をつくり、排出者がそこに油を持ち込む方式です。この方式は、家庭のように排出場所がたくさんあって一か所当たりの排出量が少ないために、前者の方式での回収に適していない場合に用いられます。排出者は家庭等から小型のペットボトル容器や専用容器、食用油が入っていた容器などで回収拠点に持ち込みます。回収のための費用やエネルギーは排出者が負担しますので、排出者はなにかの「ついで」に持ち込むことが多くなります。そのため、スーパーマーケットや役場の施設、学校や幼稚園のように日常的に人が集まる場所が回収拠点として利用されます。この回収拠点は家庭ごみの減量化を目的として地方自治体が設置主体となる場合が多くなっています。

例えば使用済み食用油の回収を行っている青森県八戸市の小売店の店頭で、持ち込み者へのアンケート調査を２００9年に実施しました。その結果によると、回答した32人のうち、全員が買い物の「ついで」に持ち込んでいました。来店手段は「自家用車」が26人で最も多く、持ち込む容器は「飲料用ペットボトル」が10人、「食用油の入っていた容器」が20人となっていました。リサイクルに出す以外の処理方法としては、「新聞紙などに染み込ませてゴミとして出している」が21人、「凝固剤を使ってゴミとして出している」が5人で、「直接流しに捨てている」はいませんでした。使用済み食用油の回収事業を知った方法は、「店頭で直接目にした」が19人、「ポスターやチラシ、広報など」が12人、「知人から」が4人でした。店頭で実際に行っている姿を見るのが一番効果的なようです。

（B）拠点回収方式は「持参容器持ち帰り型（以下では持ち帰り型とよびます）」と「持参容器排出型（以下では排出型とよびます）」に区分されます。持ち帰り型は持ち込んだ油を回収拠点にある大型の容器に移して、持参した容器を持ち帰るタイプで、排出型は持ち込んだ容器ごと回収拠点に置いて帰るタイプです。

持ち帰り型と排出型を比較すると、不純物の混入と持参した容器の処理の課題の違いが指摘されています。持ち帰り型では一つの大きな容器に内容物が移動されるので、回収サイドにとっては不純物が混じる危険性があります。また、持参した人は油で汚れた容器を持ち帰らなくてはならず、手間が増えます。これとは反対に、排出型では、不純物が混じった容器があればそれを取り除くことができます。しかし、回収サイドでは持ち込まれた持参容器から大型容器に内容物を移す手間がかかり、さらに容器を処分する費用が必要となります。持ち込みを容易にし、回収量を増やそうとした場合には、持参者の手間が少ない排出型が選ばれることになります。これらのメリットとデメリットを比較して回収サイドは「型」を決めることになります。

3 飲食店における使用済み食用油の発生と処理
—青森県での飲食店等アンケート調査結果を素材にして—

ここでは、飲食店からの使用済み食用油の発生と処理状況を、青森県の三市（弘前市、八戸市、むつ市）の飲食店等に対して２００９年度に実施したアンケート調査結果[5]から見ていきましょう。まず、回答事業所の業態別の構成は（**表2-1**）、飲食店の割合が高く、居酒屋の割合が次に多くなっています。使用済み食用油の種類では（**表2-2**）、植物油のみが多く、動物性油が混入している事業所は少なくなっています。使用済み食用油の月間排出量別の事業所の構成では（**表2-3**）、月30～200リットル未満の割合が最も高く、次に5～30リットル未満、0～5リットル

表2-1　回答事業所の業態別内訳

業態	回答数	（比率　%）
飲食店	182	（ 65.5）
居酒屋・料亭	54	（ 19.4）
テイクアウト	22	（ 7.9）
ファストフード	7	（ 2.5）
その他	13	（ 4.7）
合計	278	（100.0）

（資料）アンケート調査（2009年）による。

表2-2　排出される使用済み食用油の種類

種類	回答数	（比率　%）
植物油のみ	249	（ 89.6）
動物性油が混入	24	（ 8.6）
その他	5	（ 1.8）
合計	278	（100.0）

（資料）アンケート調査（2009年）による。

表2-3　1か月の使用済み食用油の排出量

1か月の排出量	回答数	（比率　%）
0リットル	27	（ 9.7）
0～5リットル未満	64	（ 23.0）
5～30リットル未満	70	（ 25.2）
30～200リットル未満	88	（ 31.7）
200リットル以上	23	（ 8.3）
不明	6	（ 2.2）
合計	278	（100.0）

（資料）アンケート調査（2009年）による。

表2-4　使用済み食用油の処分方法（回答数）

1か月の排出量	民間業者に頼む	自治体のごみ回収	使い切る	その他・不明	合計
0リットル	—	2	10	15	27
0～5リットル未満	18	32	5	9	64
5～30リットル未満	37	24	6	3	70
30～200リットル未満	74	7	2	5	88
200リットル以上	21	2	—	—	23
合　計	150	67	23	32	272

（資料）アンケート調査（2009年）による。

[5] アンケートは、NTTのタウンページから飲食業の項目を主たる対象として抽出し、重複分と食用油の使用を行っていないと考えられる事業所を除いた１２２３事業所にアンケートを送付しました。回収は２９０通、このうち廃業や食用油を使用しない事業所を除く有効回答数は２７８通であり、有効回答率は23％でした。

未満が続いています。いずれの市においても月30リットル未満の事業所が6割近くを占めています。

　使用済み食用油の処分方法を月間の排出量別に見ますと（表2-4）、月間排出量と処分方法には明確な対応関係が見られます。排出量が多くなるに従って「民間業者に頼む」割合が高まり、「自治体のごみ回収」に出す割合が低下しています。特に月30リットル以上を排出する事業者では、すでに何らかの形で民間業者に処理を頼んでいる割合がほとんどなのに対して、30リットル未満では「ごみ」として処分している割合が高くなっています。

　表2-5から、リサイクルの用途を見ると、全体としては「ＢＤＦ」（バイオディーゼル燃料）にリサイクルされている割合が高くなっています。弘前市やむつ市では「ＢＤＦ」に使用されている割合が高く、八戸市では「えさ」という回答が他市より多くなっています。処理に際しての支払いを見ると（表2-6）、「無償提供」が最も割合が高く、次に「処理料を支払う」が多くなっています。

　使用済み食用油の利用を行っているリサイクル業者の所在地を排出事業所の所在する市別に見ていきましょう（表2-7）。八戸市やむつ市では各市内の業者による回収割合が高いのに対して、弘前市では市内の収集業者が回収している飲食店が４割程度で、

表2-6　処理に対しての支払い（無回答を除く）

支払い	回答数	（比率　%）
処理料を支払う	31	（ 18.7）
無償提供	119	（ 71.7）
代金をもらう	5	（　3.0）
その他	11	（　6.6）
合計	166	（100.0）

（資料）アンケート調査（2009年）による。

表2-5　使用済み食用油の用途（回答数、無回答を除く）

	BDF	えさ	石けん	その他	合計
弘前市	34	4	5	2	45
八戸市	7	7	1	4	19
むつ市	14	—	—	4	18
合計	55	11	6	10	82

（資料）アンケート調査（2009年）による。

表2-7　処理を行っているリサイクル事業者の所在地（回答数、無回答を除く）

回答事業所の所在地	使用済み食用油の処理を行っているリサイクル事業者の所在地						
	弘前市	八戸市	むつ市	青森市	岩手県	秋田県	合計
弘前市	32	7	—	10	4	15	68
八戸市	3	38	—	2	3	2	48
むつ市	—	7	20	—	—	—	27

（資料）アンケート調査（2009年）による。

６割は市外の収集業者が回収を行っています。さらに弘前市では収集業者の所在地の範囲が広く、八戸市や青森市などの県内市町村にとどまらず、隣接する秋田県や岩手県にまで広がっています。

このように、使用済み食用油の回収が比較的容易な大規模排出事業者は何らかの形で民間業者に処理を委託している場合が多く、回収に手間と費用がかかる小規模排出事業者ではそれが進んでいません。そのため、これから新しく使用済み油の利用を始めようとする事業者にとって、その回収先は費用と手間のかかる小規模排出事業者が中心にならざるを得ないと考えられます。

（泉谷眞実）

（注）

1　全国油脂事業協同組合連合会「ＵＣオイルのリサイクルの流れ図」。

2　農林水産省「平成一七年度食料品消費モニター第一回定期調査結果」２００５年。

3　農林水産省「食品循環資源の再生利用等実態調査報告」各年次。

4　長崎県バイオディーゼル燃料普及促進研究会『長崎県におけるバイオディーゼル燃料の普及促進に向けた手引き』２０１２年。

5　『弘前大学農学生命科学部学術報告』第13号、２０１１年。

コラム

バイオマスの利用では流通過程が重要

稲わらやリンゴジュースの搾りかす、剪定枝など、生物由来の資源である「バイオマス」の活用は、地域資源の有効利用、廃棄物処理費用の削減、地球温暖化対策など、さまざまな効果が期待されています。しかし、その利用は、なかなか進んでいません。

その要因としては従来、指摘されてきた利用コストの高さに加え、（1）未利用バイオマスの需給関係の特殊性（2）原料バイオマス供給の不安定性の2点があると考えられます[1]。

例えば、リンゴジュースの搾りかすの場合、主に家畜のえさとして利用されていますが、年によって供給量に最大で2倍の変動があり、供給が多い年には利用しきれないという問題があります。

バイオマスの流通構造に関する研究を行っている弘前大学の泉谷研究室では、これらの課題を克服するための基盤情報の創出と社会的な仕組みづくりに関する研究を行っています[1]。具体的には、未利用バイオマスの流通経路や価格形成についての研究（リサイクル・チャネル分析）と、供給変動に対応した需要と供給を調整するための仕組みづくりの研究（需給調整プロセスの解明）であり、そのために地域における未利用バイオマスの利活用に関する先進的なさまざまな取り組みを分析してきました。

このような研究は、バイオマス利用の地域システムの設計や、バイオマス政策・環境政策を組み立てる上での基礎的な情報となりえます。また、バイオマスの需給調整のために発生するコストは社会的な費用です。これをどのように負担すべきかの検討も今後の重要な研究課題といえます。

（泉谷眞実）

（注）

1　泉谷眞実『バイオマス静脈流通論』筑波書房、２０１５年。

第３章
家庭からの使用済み食用油の品質
―岩手県・青森県を事例として―

バイオディーゼル燃料の原料として使用済み食用油を使う場合、その品質が精製を左右します。調理時に熱が多くかかったものなど、品質が損なわれているものは、不純物が多くなったり、精製が上手くいかなかったりします。バイオディーゼル燃料の精製は各地で取り組まれていますが、使用済み食用油の品質に関する調査研究はサンプル数がごく限られたものしかありません[1]。そのため、使用済み食用油の資源としての評価や、精製するバイオディーゼル燃料の品質向上策などがわからない状態です。そこで、本章は家庭から回収されている使用済み食用油の品質を明らかにします。また、食品加工業者から回収した使用済み食用油の品質も調べ、家庭のものと比較します。

本章の課題解明のため、2013年7月にいわて生活協同組合（以下、いわて生協）組合員800人にアンケートを配付し、使用済み食用油と合わせて回収しました。これと同時期に盛岡市周辺のバイオディーゼル燃料事業者が回収した食品加工業者の使用済み食用油と比較します。また、青森市周辺でも家庭から回収したものと、加工業者から回収したものを比較します。

本章のアンケートは、表3-1の「盛岡市内1」を対象コースとして選定し、回収する油に回答を添付する形で回収しました。回収品と回答をセットとしたのは、家庭内での調理習慣や家族員数により回収品の品質に違いが生じるのではないか、と考えたからです。後で触れますが、実際には品質の差は見られませんでした。

いわて生協
岩手県全域を事業領域とする生協。組合員は岩手県の世帯の41％に相当する約21万人。商品供給は店舗、共同購入、個別配達があり、共同購入組合員は３万４千人、個別配達組合員は３万７千人。使用済み食用油の回収の中心は共同購入。

いわて生協の使用済み食用油回収

アンケートと同時期のいわて生協の使用済み食用油回収量（2013年5月）を**表3-1**に示しました。いわて生協は県を5地域に分け、それぞれの地域に2～3か所配送センター（組合員の家庭などへ商品を届けるサービスをする拠点）を配置しています。商品は盛岡市郊外にある本部（荷受け・パッキングを行うセットセンター併設）から各配送センターへ届けられ、そこからそれぞれのトラックが担当するコースへ配達がなされます。使用済み食用油は、この配達トラックが商品を下ろす度に組合員から受け取ります。そうすれば、商品配達が終わった時に回収も終了し、トラックが配送センターに戻ることによって、組合員から回収した油が集められることになります。この配送センターに集められた使用済み食用油は、本部から配送センターへ商品配送に来たトラックに乗せて、生協本部へ届けられる。つまり、生協から組合員への商品供給をさかのぼる形で使用済み食用油は回収され、本部に集められるわけです。

回収にあたって生協は組合員を対象に、回収方法やバイオディーゼル燃料の精製に関する基礎知識をレクチャーしています。そこでは、生協のプラントが精製できるのは大豆油やナタネ油などの植物油であるが、パーム油や動物性の油脂は精製できないことがレクチャーされます。生協はこのような講習会を年に複数回開催し、回収にあたっての注意事項を守ることを徹底しています。

表3-1の合計に示された回収実績のある組合員数は3288人ですが、これは

酸価(Acid value)
植物油は脂肪酸とグリセリンが

表3-1　いわて生協の使用済み食用油回収実績

地域	コース数	回収実績組合員	回収量(L)	前年対比
盛岡市内1	184	736	227	170.7%
盛岡市内2	97	388	58	109.4%
内陸北部	39	156	63	117.8%
内陸南部	253	1,012	339	163.8%
沿岸部	249	996	307	144.6%
合計	822	3,288	994	150.9%

資料：聞き取り調査（2013年5月）による。

共同購入組合員の約10分の1に相当します。回収量は９９４リットルですが、生協の担当者によれば、毎月概ね１０００リットルで、季節変動はあまりないとのことです。表に示されているように、共同購入全体としては前年対比１５０・９％の伸び率となっており、回収量は急速に拡大しています。

いわて生協が回収する使用済み食用油の品質

使用済み食用油の品質は「酸価」を指標とする事が一般的です。これはバイオディーゼル精製機のマニュアルにも示されている指標で、４・０を上限としています。低いほど良い値です。酸価は揚げ物調理の熱によって上昇します。酸価が高いほど精製の反応が悪く、投入する薬品が多くなります。そして、製品に不純物（主に石けん成分）が多く含まれるようになります。

では、実際にいわて生協が回収している使用済み食用油を見てみましょう。**表3-2**に回収した52個のサンプルを示しましたが、酸価は全て０・１〜０・７２の範囲に留まっています。これは食品のサラダ油のＪＡＳ規格に合致できる品質です。驚いたことに、食用のものと遜色ないくらいの高い品質であることがわかりました。

全てのサンプルの酸価が大変低い値であった理由として、賞味期限切れ等の、未使用のものが回収されている可能性が疑われます。しかし、その疑いがないことが、アンケートに含まれた回収した油の使用回数に関する設問からわかります。そ

結合したものを主成分としますが、この結合から不規則な形で離れた脂肪酸（遊離脂肪酸）の量を示す値。植物油の品質を示す値のうち、重要なものの一つです。食用の植物油のＪＡＳ規格にも定められ、大豆油、ナタネ油などのサラダ油は０・１５以下となっています。食用・燃料用とも酸価は低い方が良く、高くなると食品としての品質上の問題が生じ、バイオディーゼル燃料に精製する時も、不規則な形で遊離した脂肪酸が精製の反応を妨げます。

表3-2　いわて生協が回収した使用済み食用油の酸価

サンプル数		52
酸価	平均	0.28
	最小	0.10
	最大	0.72

資料：サンプリング調査（2013年7月）による。

圧搾油の酸価

食用植物油には化学処理された抽出油と、化学処理しない圧搾油があります。圧搾油は不純物を除去できないため、サラダ油よりも酸価が高くなる傾向があります。そのため、ＪＡＳ規格では、圧搾油の酸価は２・０に設定されています。

こで、表3-3に、その揚げた回数を示しましたが、ゼロ回（未使用）は含まれていませんでした。つまり、未使用だから酸価が低いのではなく、酸価が低い使用済みの油が回収されているのです。

盛岡市周辺の事業所系回収品の品質

では、盛岡市内で回収されている他の使用済み食用油はどのような品質でしょうか？ 岩手県内では、市町村および市町村と連携したリサイクル業者、障がい者施設がバイオディーゼル事業を営み、食用油を回収しています。表3-4は、盛岡市周辺の障がい者施設が集めている使用済み食用油の酸価です。

表には、回収先を「飲食店」（家族経営規模の食堂、弁当屋等）、「食品加工所」（企業的に運営されているスーパーの加工部門や総菜工場等）、「ホテル」（旅館やホテルのレストラン）に分類して示しました。「搾油所」とあるのは、雫石町で町内産ナタネを搾油しているのですが、その「ハネモノ」（製品にならない低質の油）です。「飲食店」は高い酸価まで幅広く分布しているのに対し、「食品加工所」、「ホテル」は3・0未満の範囲に入っていることが示されています。精製にあたって、使用済み食用油は混ぜられてしまいますので、多少酸価が高いものが含まれていても、大きな問題にはなりません。表には全体的に概ね3・0未満の範囲にありますので、これらの油は十分な品質を持っているということができます。ただし、表3-2の生協の回収品との差は歴然です。「飲食店」とした小規模な食品加工所を回収先に

表3-3　調査した使用済み食用油の使用回数

揚げた回数	回答数
1回	9
2回	22
3回以上	28

注：アンケートには0回の選択肢を設けたが、回答は無かった。
資料：アンケート（2013年7月）による。

表3-4　盛岡市周辺の食品加工業者から回収した使用済み食用油の酸価

	1.0未満	1.0～2.0	2.0～3.0	3.0～4.0	4.0～5.0	5.0以上
飲食店	2	1	1	1		1
食品加工所	5	3	1			
ホテル	3	2				
搾油所		1	1			
サンプル数:	22		平均：	1.79		

注：表3-2の生協の平均との差はｔ検定1％水準で有意。
資料：サンプリング調査（2013年7月）による。

盛岡市周辺の障がい者施設
社会福祉法人自立更生会盛岡

含める限り、酸価が高いものが入ってくる可能性があることも、生協の回収品との決定的な違いといえます。

青森市周辺の家庭からの回収品の品質

盛岡市周辺の調査で、家庭から回収した使用済み食用油の品質が大変高いことを見てきました。この高品質の理由が「生協だから」や「盛岡市周辺だけの特徴だから」ということではなく「家庭からの回収品は高品質」という結論を導き出すためには、地域や組織を変えて調査を重ねなければいけません。そこで、２０１３年12月に実施した、青森市周辺で使用済み食用油を回収している西田組の調査を併せて見ることにします。

表3-5にスーパーの店頭で回収した油の酸価を示しました。いわて生協の回収品と同様に、酸価の平均は１・０未満であり、また値の分散の幅も小さいものでした。次に、西田組が青森市周辺の食品加工業者から回収した油の酸価を**表3-6**に示しました。この平均値は家庭からの回収品よりも高い２・０９となり、値の分散の幅も大きいものとなっています。このように、いわて生協と盛岡市周辺に見られた特徴が、まったく同じように青森市周辺でも確認できました。

杉生園（さんせいえん）、雫石町福祉作業所かし和の郷

西田組
青森市から受託するごみ回収や小売店対象のリサイクルを扱う企業。使用済み食用油からバイオディーゼル燃料を精製しています。店頭で油を回収しているスーパーと、青森市周辺の食品加工業者から使用済み食用油を回収しています。そのため、家庭からの回収品と事業所系の回収品が同時に調査できました。

表3-5　青森市周辺一般家庭からの回収油の酸価

サンプル数		57
酸価	平均	0.35
	最小	0.10
	最大	1.49

資料：西田組（青森市）のサンプリング調査（2013年12月）による。

表3-6　青森市周辺の食品加工業者からの回収油の酸価

サンプル数		18
酸価	平均	2.09
	最小	0.31
	最大	10.10

資料：表3-5と同じ

家庭から回収した油は高品質

　ここまで、家庭から回収した使用済み食用油の品質について見てきました。そこで確認された家庭から回収された油の特徴は、酸価が極めて低く、また分散も小さい、つまり、とても高い品質であるというものでした。それは未使用のものが回収されているのではなく、揚げ物調理に使われた、使用済みの油の特徴です。このいわて生協の回収品に見られた特徴は、青森市周辺でも確認されました。このことから、家庭の調理では、酸価を上げるような負荷が、油にかかっていないのではないか、ということが推察されます。そして、家庭での揚げ物調理の特徴は、全国的に共通する度合いが高いと考えられますので、家庭からの回収品の酸価が低いことは、全国的な傾向だろうという結論が導き出されます。

　次に、盛岡市内、および青森市周辺で回収された事業所系の油の酸価を調べました。その値は、バイオディーゼル燃料の原料とするには十分な品質の3・0未満でしたが、高いものも含まれていました。全体としては十分な品質ですが、場合によってはこの酸価が高い油が多く回収される可能性があります。これは、「気を抜けない」原料であることを意味します。家庭からの回収品は比較的ばらつきのない高い品質であったことと大きく違う特徴です。言い換えれば、家庭からの回収品が燃料として使うものとして、大変すぐれた特徴を持っていることを意味しています。

　このように家庭から回収する使用済みの食用油が高い品質であることは、事例とした地域に限らず、広い範囲で見られる特徴であると推察されます。

　食品加工業者は、できるかぎり揚げ油を使うよう努めます。一方で、酸価が上がりすぎると揚げ物の品質にかかわります。これを防止するために、業務用に簡易な酸価検査キットが市販されています。食品加工業者はこのキットを利用して、品質を保てる範囲で揚げ油を使います。他方、家庭では、検査キットを使うことはないでしょうし、使う必要もないでしょう。

（野中章久）

（注）

１　加藤進・紀平征希・大原興太郎・小林康志「家庭あるいは給食センターからの廃食用油の物性について」『環境技術』第42巻第３号、２０１３年、１６９-１７４頁。中村一夫・池上詢「京都市における廃食用油の排出実態とバイオディーゼル燃料の性状について」『廃棄物学会論文誌』第17巻第３号、２００６年、１９３-２０３頁。

（付記）本章は、野中章久「生協が回収する廃食用油の品質と地域的資源としての特徴 ― 岩手県を事例として」『協同組合研究』第34巻第２号、２０１５年、１３１-１３８頁をもとにしています。

第４章

輸送用燃料としての利用

本章では、使用済み食用油のエネルギー利用の一つとして、輸送用燃料利用について見ていきます。輸送用燃料で使用する場合、未処理の食用油を使用する場合もありますが、第1章で紹介したように植物油を化学処理し、バイオディーゼル燃料として使用する場合がほとんどです。これによってディーゼルエンジンでの使用が可能になり、ディーゼル乗用車やトラック、重機、農作業機械で使用することができるようになります。

１　バイオディーゼル燃料製造事業者の全国動向と課題

日本では使用済み食用油を原料としたバイオディーゼル燃料は輸送用燃料としての利用が盛んに行われてきました。これまでもいろいろな文献で取り組みに関する事例が紹介されてきましたが、日本全体でどのような会社がどのように原料を集め、どのように利用しているかがわかるような報告はありませんでした。そこで私たちは全国の製造事業者の現状やどのような問題点を抱えているかを把握するために全国の製造事業者に対してアンケート調査を２０１４年に行いました。本節ではその結果について紹介していきます。

アンケートは、２０１４年2月に実施しました。実施者は、弘前大学農学生命科学部、東北農業研究センター、東北環境パートナーシップオフィス、いわてバイオディーゼル燃料ネットワークの４団体です。送付対象は、①北海道「道内ＢＤＦ製造事業者（平成23年12月現在の把握）」、②ＮＥＤＯ『バイオマスエネルギー導入ガイドブック（第３版）』（２０１０年）、③いわてバイオディーゼル燃料ネットワークが把握している事業者、④インターネットで事業を行っていることが確認された事業者から合計４４７事業者に送付し、回答は１７２通、うち有効回答が１６２通であり、有効回答率は37％でした。

燃料製造事業者の特徴

アンケートの回答事業者の主な事業を見ますと、福祉関係が29％で最も多く、ついで廃棄物処理関係が26％、土木建設関係が14％、流通・輸送関係８％、地方自治体・三セクが４％、その他19％となっていました。その他の中には、燃料の専門製造事業者が含まれていました。このように、バイオディーゼル燃料の製造事業は、農業以外の多様な業種の企業によって副業的に行われており、かつ地域の中小企業が主体となっています。

原料調達について

次に、原料となる使用済み食用油の調達面について見ていきましょう。

事業における使用済み食用油の収集先では、小売店・飲食店が86％と最も割合が高く、次に学校・病院等の給食からが77％、家庭71％と続いています。また、食品加工所から収集している割合は23％と低くなっています。食品加工所と比較した場合、小売店・飲食店や家庭、給食からの排出は、相対的に一か所の排出源からの排出量が少なく、排出源が多数に分散して立地していますので、その収集にコストと手間が多くかかる状況になっています。

使用済み食用油の収集に際しての金銭授受の状況について見ますと、「買い取り」

が63％で最も多く、ついで「無償」が43％で続いています。商品ひきかえポイント等との「交換」を行っている事業所は９％と少なく、逆有償（「処理料をもらう」）で行っている事業所の割合も３％と極めて低くなっています。

バイオディーゼル燃料の利用

バイオディーゼル燃料の利用や販売の特質について見ていきましょう。ヨーロッパではディーゼル乗用車が広く普及していますが、それに比べれば日本での普及率は高くありません。さらに現在普及が進んでいるクリーンディーゼルエンジンではバイオディーゼル燃料の利用が難しいため、自動車燃料としてバイオディーゼル燃料を利用することは困難になっています。

まず、バイオディーゼル燃料の自社利用を見ますと、89％の事業所が自社での利用を行っていることがわかりました。自社で利用する量の全体の製造量に占める割合は、10割が33％、５割以上10割未満が23％を占めており、製造量の５割以上を自社で利用している事業所が半分強を占めていることがわかりました。このような自社で利用する割合の高さは、バイオディーゼル燃料の過不足時に、自社分をバッファーとした対応（軽油による代替）が可能となるメリットがあります。

自社でのバイオディーゼル燃料の利用先を見ますと、トラックが63％で最も多くなっています。トラック以外ではその利用割合はトラックの半分以下に下がり、送迎車27％、重機26％、ごみ収集車26％と続いています。また、発電機での利用は

15%、農業用機械での利用は7%と極めて低くなっています。

このような自給的な利用に対して、バイオディーゼル燃料の販売状況を見ますと、「販売していない」事業者が38%もいます。また、販売先として最も割合が高いのは地方自治体の32%で、次にその他27%、市民25%、輸送業者19%となっています。このように、バイオディーゼル燃料の利用や販売面では自社での利用割合が高く、そこでは主に輸送用のトラックで利用されています。先ほど製造事業者の業種を見ましたが、福祉関係では利用者の送迎業務が、廃棄物処理関係では廃棄物の輸送が必要となっており、利用においては業務用での燃料の大量需要の存在が重要です。また、販売面では地方自治体の役割が大きくなっています。

自治体との連携について

地元自治体との関係が重要だということがわかりましたが、地元自治体との連携状況について見ますと、連携を行っていない事業者は33%に過ぎませんでした。大部分の事業者がなんらかの形で地元自治体との連携を行っているのです。その内容では使用済み食用油の回収での連携が51%で最も高くなっています。次に製造した燃料の利用が33%となっており、原料の調達と製品の利用の両面で地元自治体の役割は大きいことがわかりました。

原料と製品の過不足状況と対応方法

バイオディーゼル燃料については、新型エンジンの普及によってその利用がだんだん難しくなっています。そのため、原料と製品のそれぞれについての過不足状況について見ていきましょう。

まずバイオディーゼル燃料の需要量に対する燃料生産の状況を見ると、全体で最も多いのは「ちょうど良い」の45％ですが、「不足」（「かなり不足」と「多少不足」の合計、以下同じ）が22％、「過剰」（「かなり余っている」「多少余っている」の合計、以下同じ）が31％で、過剰が不足を上回っています。また、原料となる使用済み食用油の需給バランスについて見ると、先ほどのバイオディーゼル燃料の需給バランスとは対照的に「過剰」が46％で最も多くなっていました。

さらに、バイオディーゼル燃料の生産量が需要量に対して「ちょうど良い」と回答した66事業所を取り出して使用済み食用油の過不足感を見ると、「ちょうど良い」が53％、「不足」が10％なのに対して、「過剰」が35％を占めていました。このことはバイオディーゼル燃料が過剰となった場合には製造を抑制するために使用済み食用油が余ってしまうという関係にあることを示しています。

このような過不足状況は、バイオディーゼル燃料の年間生産量規模で異なっています。使用済み食用油の利用規模別の製造事業者の割合では、50～１００キロリットルまでは年間生産量規模が増加するにしたがって不足感が高まっており、特に50～１００キロリットル層で不足と感じている事業者は８割におよんでいます。小規模層では過剰、中規模層では不足が多くなっているのです。ただし、100キロリットルを越える大規模層では「ちょうど良い」の割合が高くなっています。

なお、使用済み食用油が余っても、各製造事業者が自社でバイオディーゼル燃料以外の用途で利用できれば、それが余ることを防ぐことができます。しかし、使用済み食用油の直接利用やバイオディーゼル燃料以外の製品の生産を行っている事業者は18％にすぎません（製品は石けんが多くなっています）。このように余った使用済み食用油を自社内で他の用途として利用することも難しいのです。そのため、過剰時には他の事業者に販売することで調整しています。

地域的な需給調整の必要性

このように、全体的に見ると原料となる使用済み食用油と製品であるバイオディーゼル燃料は過剰感が強いですが、過剰と不足が併存している状況でもあります。そして、年間生産量規模別では中規模層での不足と小規模層での過剰という、規模間で需給バランスに違いが見られました。このような中で、バイオディーゼル燃料事業を拡大するためには、中規模層と小規模層との間での使用済み食用油の需給調整が重要と考えられます。その場合、輸送用燃料の場合には、燃料の広域的な移動はエネルギー収支と経済性の両面において効率を低下させる要因となるので慎重に行う必要があります。

使用済み食用油のバイオディーゼル燃料事業での利用衰退は、地域に形成された使用済み食用油の回収システムの解体をもたらす危険性があります。また、使用済み食用油の廃棄物としての処理は、地域の排出事業者のコストの増加をもたらすことになりますので、地域的な需給調整の実施が重要であると考えられます。

（泉谷眞実）

（付記）４章１は下記の論文をもとにしています。①泉谷眞実・野中章久・金井源太・小野洋「バイオディーゼル燃料事業における原料調達過程と製品利用・販売過程間の調整に関する考察」『農業市場研究』第23巻第4号、53-59頁、２０１５年②泉谷眞実・野中章久「農産バイオマスや食品廃棄物の利活用のあり方と課題」『農村経済研究』第33巻第2号、47-56頁、２０１５年③泉谷眞実・野中章久・金井源太・小野洋「廃食油バイオディーゼル燃料事業における需給バランスと地域調整の課題」『第25回廃棄物資源循環学会研究発表会講演原稿集』２８９-２９０頁、２０１４年。

2 災害時の燃料不足とバイオディーゼル燃料

２０１１年の東日本大震災では、食料や燃料の流通が広範囲・長期間にわたり滞り、大きな問題となりました。この背景には、津波が化石燃料の供給拠点ともなっていた港湾施設を破壊したことがありました。

使用済み食用油から精製されるバイオディーゼル燃料は、地域で日々使われる軽油に比べればわずかな量です。しかし、災害時に重要な、非常用燃料としての役割を果たす可能性があります。また、災害に強い分散型の経済システムを構成する要素となる可能性があります。ところが、東日本大震災においてどのような動きがあったかはあまり示されていません。そこでここでは、東日本大震災直後の燃料不足の状況と、その中でバイオディーゼル燃料がどのように活用されたかを明らかにします。

救援物資の搬送と燃料の状況

（1）岩手県における沿岸被災地への救援物資搬送の概況

岩手県における救援物資の搬送は、震災翌日の3月12日から盛岡市近郊の大型催事場である岩手県産業文化センターで一次受入れをし、沿岸の物資集積ポイントまで搬送する形ですすめられました。3月中に岩手県庁が調達した救援物資を**表4-1**に示しましたが、水・食糧品を中心としたものでした。

これらの救援物資の搬送状況を**表4-2**に示しました。最初の12、13日は自衛隊が運搬を担いましたが、14日からは県庁との災害時協定に基づき岩手県トラック協会が運搬しています。表に産業文化センターから沿岸の集積ポイントまでの搬送に従事したトラックの台数を示しましたが、トラックはこのほかにメーカーや問屋から産業文化センターへ支援物資を集めるためと、同センター内での荷さばきにも必要です。この全ての作業のために、岩手県トラック協会は24時間体制でトラック約300台を割り当てました。なお、岩手県

表4-1　岩手県庁調達救援物資の内訳（2011年3月12～22日の累計）

物品	数量	単位
水	142,400	箱
食糧品	6,420,300	食
毛布	117,512	枚
簡易トイレ	1,535	庫
防水シート	30,454	枚
発電機	378	台

資料：岩手県庁公表資料
（本章付記の野中・小野稿を参照。）

表4-2　岩手県における救援物資搬送状況（2011年3月）

単位：台・機

	12日	13日	14日	15日	16日	17日	18日	19日	20日	21日	22日
自衛隊	6	18	10	11	10	1				5	
岩手県トラック協会			29	15	21	19	40	24	23	47	62
自治体手配等								2	2		
自衛隊ヘリ							7	1	2		
防災ヘリ等						2	4	3			

資料：表4-1と同じ

トラック協会傘下には救援物資搬送に従事したものと同型のトラックが８４００台ほどあり、３００台を割り当てても通常の物流には影響を与えない状況でした。しかし、実際は救援物資搬送以外のトラックはほとんど動いていませんでした。それは救援物資搬送に関わるトラックの燃料は、岩手県庁が調達していましたが、それ以外のトラックは燃料を入手できなかったからです。

（２）震災直後の東北における燃料不足

津波は東北沿岸の港湾施設を破壊しましたが、そこには化石燃料関係の施設も含まれていました。そのため、被災地は震災直後より、深刻な燃料不足に陥りました。**表４-３**は３月16日から23日の間、経済産業省東北経済産業局が実施した給油所（以下ＧＳ）の営業状態についての電話調査の結果です。この調査で「営業中」と回答したＧＳは、３月16日時点で概ね半数以下です。調査開始時の16日に営業中であったＧＳのうち、緊急車のみであったＧＳの割合を見ると、震災被害の大きかった岩手

表4-3　東北における給油所の営業状況

	対象数	回答数	3月16日	17日	18日	19日	20日	21日	22日
青森県	626	応答あり	348						426
		営業中	105						337
		緊急車のみ対応の割合	61.0%						30.3%
岩手県	599	応答あり	152	183	195			179	250
		営業中	73	103	126			120	184
		緊急車のみ対応の割合	84.9%	89.3%	78.6%			69.2%	46.2%
宮城県	702	応答あり	45	68	99	116			126
		営業中	20	33	37	59			77
		緊急車のみ対応の割合	80.0%	78.8%	83.8%	76.3%			55.8%
秋田県	528	応答あり	274						382
		営業中	159						312
		緊急車のみ対応の割合	45.9%						27.2%
山形県	507	応答あり	269						304
		営業中	88						172
		緊急車のみ対応の割合	79.5%						39.5%
福島県	904	応答あり	151	228	293		227		291
		営業中	134	179	152		134		196
		緊急車のみ対応の割合	80.6%	90.5%	86.8%		82.8%		59.7%

資料：東北経済産業局調べ（本章付記の野中・小野稿を参照。）

津波被災地へのトラック
トラックの内訳は6割が4トン車、4割が10トン車です。津波被災直後はがれきによって道路はふさがっており、これを除去した後も4トントラックしか通れない場合が多かったようです。

県、宮城県、福島県では80％以上となっています。地震被害の少なかった秋田県でも一般車に給油していたＧＳは半数強でしかありません。この状況は22日には改善していますが、その22日においても先の３県では約半数が緊急車のみの対応でした。しかも、一般車に給油したとはいっても、給油待ちの長い行列ができたため、1車当たりの給油量は制限されていました。岩手県トラック協会傘下の各社も燃料が容易に手に入らない状況が続き、救援物資搬送は４月５日まで岩手県庁が調達した燃料に依存していました。

バイオディーゼル燃料の状況

（1）秋田運送（秋田県秋田市）

秋田運送は秋田港に本社を置く県内最大の物流会社です。同社は東京都知事が２００２年にディーゼルトラックの規制を表明したことをきっかけに、試行錯誤の末バイオディーゼル燃料精製装置を自作し、バイオディーゼル燃料によるトラックを運用していました。２０１０年の調査では、バイオディーゼル燃料を月に２万リットル生産し、30～40台のトラックをバイオディーゼル燃料のみで運用していました。このトラック台数は**表4-2**に見た救援物資搬送に従事した岩手県トラック協会の台数（15～62台）と同程度である点が注目されます。

同社は主に総菜工場や空港施設など、県内外の大量に食用油を使用する業者から使用済み食用油を回収していました。ところが、震災時は物流が混乱し、また食品いました。

　秋田港は震災を免れた北東北の拠点港の一つであり、特に隣接する岩手県にとって重要な物流拠点でした。日本海側では震災による道路・鉄道の被害が無かったことから、救援物資の多くは秋田県経由で岩手県へ搬送されました。しかし、**表4-3**に見るように燃料不足は秋田県においても深刻で、調査時点（３月16日）では、救援物資は来るが燃料が十分手に入らない状態でした。秋田運送では、バイオディーゼル燃料の原料となるメタノールはありましたが、使用済み食用油がないため、残念ながらバイオディーゼル燃料は作れませんでした。

（２）かし和の郷（岩手県雫石町）

　北東北では、障がい者授産施設によるバイオディーゼル燃料事業が多く取り組まれています。盛岡市の盛岡杉生園（さんせいえん）が先駆的に取り組んだ事業では、市販の小型精製機を導入して通所者の仕事づくりに役立てています。使用済み食用油は近隣の総菜工場等から回収し、生産したバイオディーゼル燃料は役場や生協に販売しています。盛岡市に隣接する雫石町のかし和の郷も盛岡杉生園にならい、地域内で使用済み食用油を回収し、同様の転換機でバイオディーゼル燃料を生産しています。かし和の郷も生産したバイオディーゼル燃料を役場へ納入し、残りは自組織の自動車の燃料としています。かし和の郷の使用済み食用油回収は、個人商店等の小口のものを中心としていましたので、震災直後でも普段通り回収できていました。しかし、調査時の3月16日には、メタノールが入手できないためプラントは止まっていました。

メタノールは劇物であることから、小規模な精製所ではあまり買い置きはしません。これは盛岡杉生園、かし和の郷とも同じで、彼らはGSから必要な量を適宜購入していました。この盛岡市周辺でメタノールを供給していたGSは、薬品メーカーからメタノールの供給を受けていましたが、需要が小さいため、ここでも通常は在庫を置いていません。そのため震災時に盛岡市周辺では小規模精製所、GSともメタノールの在庫はなく、また物流の混乱により薬品メーカーからのメタノールの供給も止まっていたのです。盛岡市周辺のGSがメタノールの取り扱いを再開したのは5月以降でした。

（3）いわて生協

第3章でも触れましたが、岩手県の全世帯の41％に相当する組合員を擁するいわて生協は、震災以前からバイオディーゼル燃料を利用して商品配送トラックを運用していました。2009年には自前の精製所の稼働をスタートさせており、2011年には組合員からの使用済み食用油回収を始めていました。精製所は月に1万リットル規模のバイオディーゼル燃料を精製していたこともあり、震災時にドラム缶入りのメタノールの在庫がありました。このメタノールを使って、GSの燃料供給が止まっている中、いわて生協はバイオディーゼル燃料を精製し、独自の救援物資を津波被災地に送りました。

バイオディーゼル燃料とメタノール

バイオディーゼル燃料の精製法は複数ありますが、小型の精製機を使用する場合は、アルカリ触媒法と呼ばれる化学処理によります。これは、植物油にメタノールを加え、触媒と反応させて植物油に含まれるグリセリンを分離するという処理です。これは粘度の高い植物油を内燃機関に適合する粘度まで下げることを目的にしています。この方式では通常植物油100リットルに対してメタノール16リットルが必要となります。

震災当日の11日に、いわて生協にも使用済み食用油はありませんでした。しかし13日に取引業者から、賞味期限切れや震災により容器にダメージを受けた油が大量にあるとの知らせを受けたことにより、バイオディーゼル燃料精製に取り組みました。14日には最初のトラックを沿岸地域に送り出しました。最初の支援物資は組合員が手作りしたおにぎりでしたが、徐々に生協の商品に切り替わっていきました。いわて生協は25日に在庫のメタノールを使い切りましたが、それまで８２０リットルのバイオディーゼル燃料を精製しました。また、いわて生協の精製所とも関係を持っていた障がい者施設の杉生園も、８７０リットルのバイオディーゼル燃料を精製し、いわて生協の活動に提供しました。いわて生協は杉生園以外の精製所からもバイオディーゼル燃料の提供を受け、14日～22日にかけて合計１９５０リットルのバイオディーゼル燃料を使って津波被災地に物資を届けました。この間にバイオディーゼル燃料でトラックが走った距離は1万１０００キロメートルで、トラックの燃費やいわて生協から沿岸までの距離を勘案すると、おおよそ45回物資を届けたことになります。**表４-２**に見た岩手県庁のトラック台数と比べると、**表４-２**の前半の期間では２日分、後半では１日分に相当します。一団体の活動として見ると、大変な貢献をしたといってよいでしょう。

バイオディーゼル燃料は震災直後に重要な役割をはたした

ここでは、東日本大震災直後の自動車燃料不足の状況を明らかにすることと、その中でバイオディーゼル燃料がどのように精製・活用されたかを明らかにするとしました。GSの営業状況などから、燃料不足の深刻さが明らかになりました。また、バイオディーゼル燃料は、精製に必要なメタノールが供給されなかったため、精製が止まっていた局面が明らかとなりました。一方で、メタノールの在庫がある場合には、震災直後から精製を再開でき、貴重な燃料として大きな役割を果たしたことも確認しました。

いわて生協は13日からバイオディーゼル燃料の精製を再開し、14日には最初のトラックを沿岸に送り出しています。これは、岩手県庁のトラックと同日です。その対応の迅速さは注目に値します。これは災害に強い側面があることを示しています。

原料のメタノールの確保が問題となりますが、普段から食品の供給にあたっている生協が、自前の自動車燃料を持ち、津波被災地に食料を届けていたことは、災害に強い地域経済のヒントとしても、示唆に富む活動だったといってよいでしょう。

（野中章久）

（付記）4章2は、野中章久・小野洋「災害時の燃料不足とバイオディーゼル－震災直後の北東北を事例として－」『農業と経済』第77巻第12号、２０１１年、83-91頁をもとにしています。

第5章 発電燃料としての利用

1 使用済み食用油の再利用が地域経済を変える

ここまで、使用済み食用油の回収と利用について見てきましたが、その取り組みを進めるべきとする具体的な理由は「燃料に使えるから」、「もったいないから」といえます。個々の市民としては、これでよいのですが、地域社会としての視点も必要です。そこで、将来的に何を目指してこのリサイクルの仕組み作りをするか、考えてみましょう。

私たちの生活や経済活動には、必ず廃棄物が伴います。この廃棄物はリサイクルする方が新たに作るより安い場合、早くから回収・再利用の仕組みが作られます。飲料の空き瓶などはよい例です。ところが、このリサイクルに新しい技術を導入しなければならない場合、たとえそれがより安価な資源になるとしても、なかなか取り組まれません。バイオディーゼル燃料はこの例にあてはまります。本書で見てきたように、使用済みの食用油を安価な自動車燃料にすることができれば、私たちの生活や経済活動に、廃棄物を「廃棄物」ではなく「資源」にする仕組みが増えることになります。これは、廃棄物を減らす活動として重要ですが、地域に資源を作り出す点でも、重要です。それは、化石燃料をはじめ、今日の資源の多くが地域外からもたらされている状態を変える行為だからです。

　地域経済が資源を外部に依存するということは、地域経済の中で流通するお金が常にその分、外部へ流出することを意味します。この外部に依存している資源を自給できるようになれば、地域経済が拡大し、外部へ流出するお金を減らせます。このように、地域経済をできるだけ自律的に回転させ、できるだけ外部へお金が流出しないようにすることは、地域内に雇用を作り出し、強い経済をつくることができます。リサイクルは、このような地域経済づくりに有効なものといえます。

　使用済み食用油はこのような地域資源の一つです。ところが、バイオディーゼル燃料として利用する場合、地域内で生産できないメタノールが必要となります。地域資源として考えるとき、無加工で燃料に使うことが望ましいといえます。また、先に述べた自律的な地域経済づくりのためには、次々と新しいリサイクルの方法を作り、新しい用途を開発することが求められます。そこで、この章では、本章執筆者である野中と金井が開発中の発電の仕組みを紹介します。この発電では、バイオディーゼル燃料に精製しない、使用済み食用油を燃料とします。この改造は市販のキットを利用できますが、実用性や耐久性は確認されていません。そこで、筆者らが改造した発電機を農家と生協に設置して、さまざまな機械を運転する実験を行い、実用や耐久性、そして経済性を確認しています。実験結果は途中経過の状態ですが、その実用性と経済性が見通せる段階にあることは理解できると思います。

2 無変換の植物油を燃料とする発電試験について

現在、水稲生産の規模を拡大している農家は、生協産直のような小売業に直結する動きが強く見られます。これは、使用済み食用油の燃料化の観点から見れば、家庭から回収された高品質な油と、コメの生産販売が距離的に近い関係にあることを示します。つまり、産直関係に食用油の燃料化の視点を組み込めるならば、農業に必要なエネルギーを農家が自給できることになります。そこで、ここでは、使用済み食用油をそのまま使って、農家が発電して電気を自給するための研究を紹介します。

発電機利用では、トラブル発生時の影響が大きいトラックや農作業機での利用と比較すると、既設の電源をバックアップにできる利点もあります。その意味で、筆者らが想定する農家の自家発電の姿は、必要な電気を全て自給するのではなく、電力会社の電気を使いながら、一部を自給するというものです。

実験の結果、安定的に利用するためには、定期的な整備や点検が欠かせないことや、長期間の運転では植物油に含まれる成分がエンジン内やノズルの汚れ、トラブルの発生につながることがわかりました（**図5-1**）。次項（1）、（2）では、農業利用を目的とした実用試験事例を紹介します。特に（1）では農家による燃料用ナタネ油の自家生産を想定しました。

試験では、無変換植物油として（1）では農家が燃料用に栽培したナタネを搾った油（バージンオイル）を想定しました。これは、先進的取り組みで知られるドイ

図5-1　無変換のナタネ油を利用した際の燃料噴射ノズルの汚れ
（左：使用前、右：1600時間運転後）

ツでひろく見られるものと雑誌や論文でとりあげられていたためです。しかし第6章で詳しく紹介しますが、一時期は年間約50万トン以上の無変換のナタネ油が実際に燃料として生産、消費されていたドイツにおいても、その後の動向を見ていると政策的な後押しが無ければ農家による燃料用ナタネ油の生産は困難のようでした。そこで、燃料の油は回収してきた使用済み食用油でもよいのではないかと考え、次項（3）（4）に紹介するように、使用済み食用油を回収している事業者で試験を行うこととしました。

なお、技術的な背景として、ディーゼルエンジンは、100年ほど昔の開発当時から植物油との相性が良いため、一般的な化石燃料によるエンジン開発とは別に、無変換植物油の燃料利用に関する研究例は豊富です。石油化学プラントで精製されたディーゼル燃料とは異なり、品質や成分のばらつきがある植物油を燃料とするので、エンジン内の汚れや燃料の詰まりに関する検討や報告が中心となっています。例えば国内における報告でも、無改造のディーゼルエンジンでナタネ油を燃料利用した上で、問題がほとんどないとの報告のほか、高負荷時にナタネ油が熱効率、排ガス特性の点で好ましいものの、低負荷では逆転して軽油の方が好ましいとの報告などもあります。また、ナタネ油の精製段階による違いを検討して、原油を用いるとエンジン内の予燃焼室や噴射ノズルにススなどの付着物がつき、性能低下が認められるので、精製して不純物を除いたものが燃料としては好ましいとの報告などもあります。

SVO／WVO発電機

ディーゼルエンジン発電機には、燃料系統への加熱システム付加などの簡易な改造（**図5-2**、**図5-3**）を行い、無変換ナタネ油（SVO＝未使用油、WVO＝使用済み油）を燃料として利用できるようにして、利用試験を行いました。その際、基礎実験の結果を踏まえて、定期的な整備を心がけることで、トラブル発生の頻度を低く抑え、安定的な利用性を確保しました。

ここでは、筆者らが栽培から搾油、濾過まで行った未使用のナタネ油といわて生協が組合員から回収した油を使いました。なお、使用済み食用油については、油の劣化指標である酸価と塩分は測定し、劣化や汚れがあまりないことを確認しています。

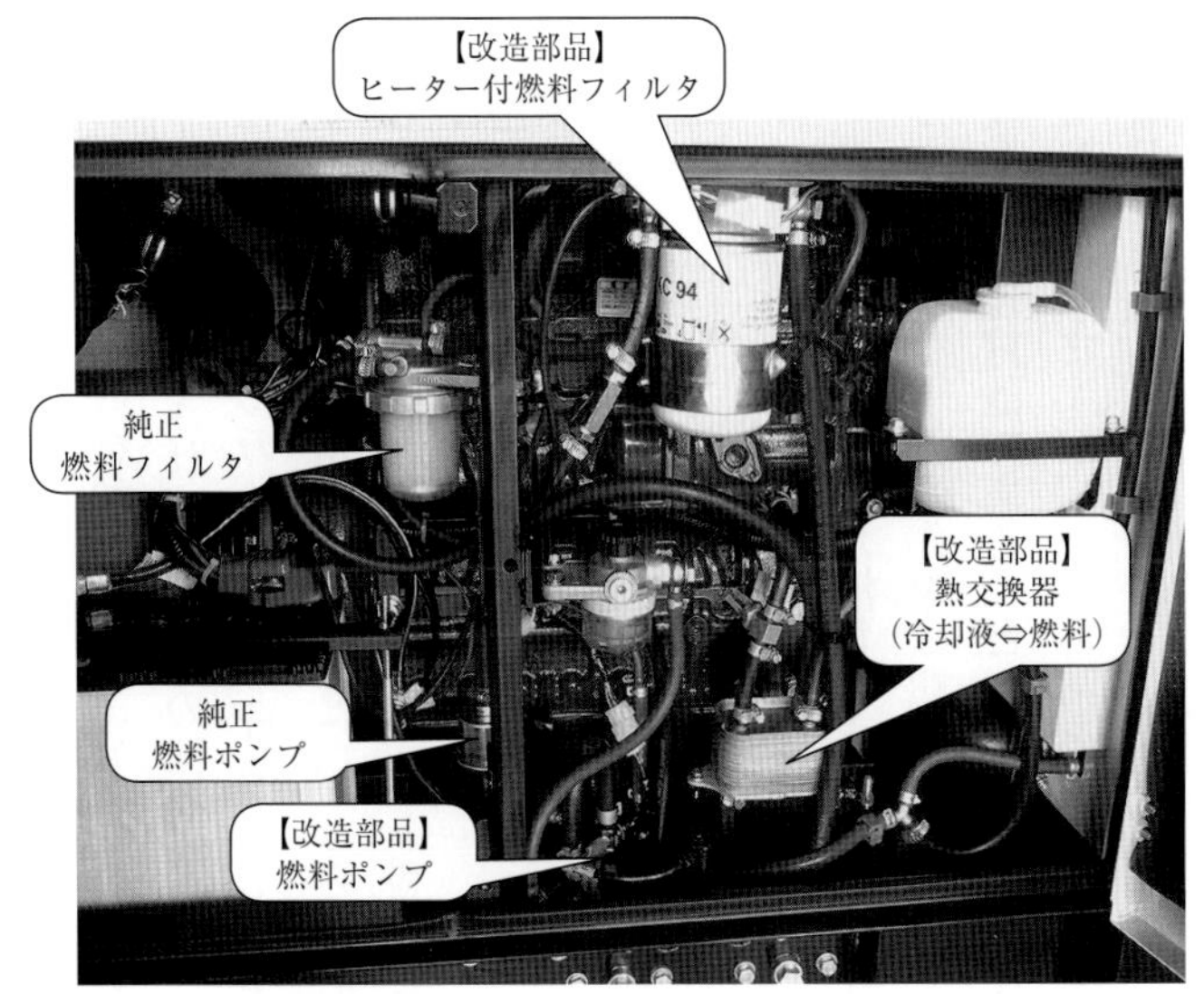

図5-2　発電機改造概要

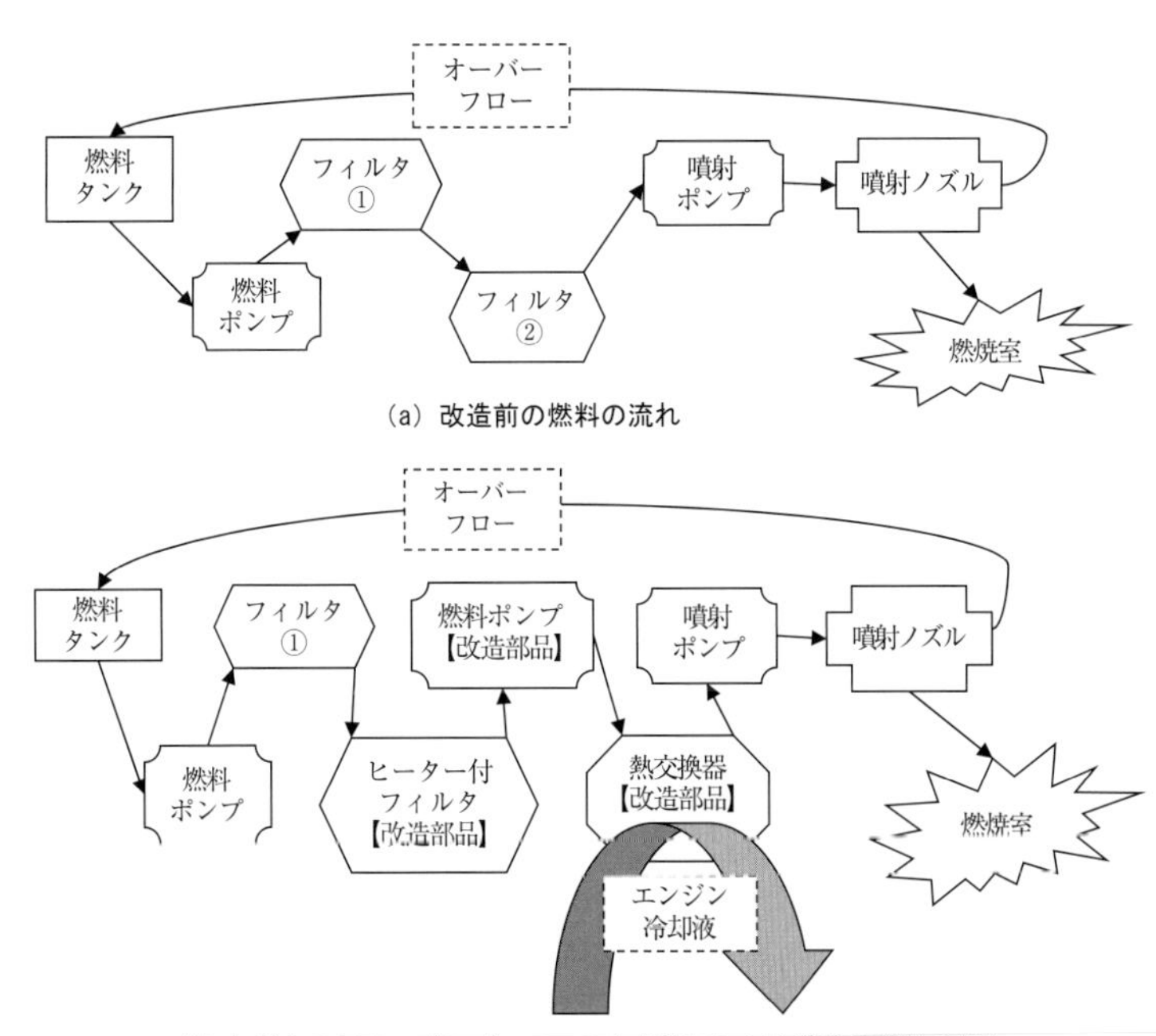

(a) 改造前の燃料の流れ

(b) 加熱システム、ポンプ、フィルタを追加した改造後の燃料の流れ

図5-3　ディーゼルエンジンを無変換の植物油対応とする改造の概要

（1）穀物乾燥機（薪ボイラー併用）の運転事例

農業現場での利用を想定して、収穫後の穀物を乾燥させる乾燥機へ電力を供給し、実用試験を行いました。乾燥機が使われるのは、1年の中でも収穫シーズンに限られます。発電機を利用して、ピークの電気使用量を減らすことで契約電力を少なくすることができれば電気代の節約も見込めます。また、一般的に穀物乾燥機は、乾燥させるための熱源として灯油バーナーが内蔵されていますが、ここでは、薪ボイラー熱源に改造するとともに、さらに無変換植物油を利用する発電機を組み合わせることで、外部電源や化石燃料を利用せずに穀物乾燥を行えるシステムとしました。全体のシステムは、改造済ディーゼル発電機、薪ボイラー、熱交換器、循環式乾燥機により構成されています。

この装置を用いて、収穫したナタネ穀粒の乾燥作業を行った結果、実際の乾燥作業は問題なく行うことができ、1・5トンのナタネ穀粒を水分13・6パーセントから7・3パーセントまで乾燥できました。燃料は、熱源の木質燃料が60キログラム、ナタネ油は8リットル消費しました。乾燥作業、薪ボイラーの燃焼、温湯の発生量等も問題なく、乾燥作業は順調で、薪ボイラーとナタネ油をエネルギーとした乾燥作業が実現可能であることが示されました。つまり、地域での物質収支を検討する必要はありますが、ナタネ油を自家生産しているか、使用済み食用油を集められ、熱源の薪も集められれば、乾燥作業はエネルギー的に独立して実施できる可能性があるといえます。

（２）農業法人の穀物乾燥機による利用事例

（１）の乾燥機は薪ボイラー熱源という特殊なものでしたが、次に農業法人内に設置されている通常の灯油バーナー熱源の乾燥施設で実用的な試験を行いました。（１）で用いた改造済発電機を現地に導入して、収穫後の米の乾燥作業の一部で利用しました。主に乾燥機の電源として使用し、多様な使い方の検証のために掃除などで使うエアーコンプレッサーや籾摺機などの電源としても使いました。燃料には、家庭から回収した使用済み食用油を遠心分離式の油の濾過機でごみを取り除いて利用しました。

試験期間中の３か月の間に合計で１６３時間運転して、燃料として使用済み食用油は２２６リットル使いました。また、未使用のナタネ油を供試した場合よりもフィルタ詰まりの頻度は多く、燃料フィルタの交換頻度もやや多くなり、使用済み食用油の利用では濾過は必須の工程であることがわかりました。結果としては、発電機の発電能力と比較して過大な負荷でなければ、利用する装置が穀物乾燥機であっても問題なく電力供給可能でした。

（３）発泡スチロール処理（減容化）装置の事例

第３・４章でとりあげたいわて生協は、商品仕入れ時に大量に発生する発泡スチロール容器をリサイクルの前処理として熱を加えて減容化する処理を行っています（**図５－４**）。この処理装置は電気配線が独立した施設に設置してあったため、発電実験に向いていました。そこで、この施設に改造した発電機を設置し、

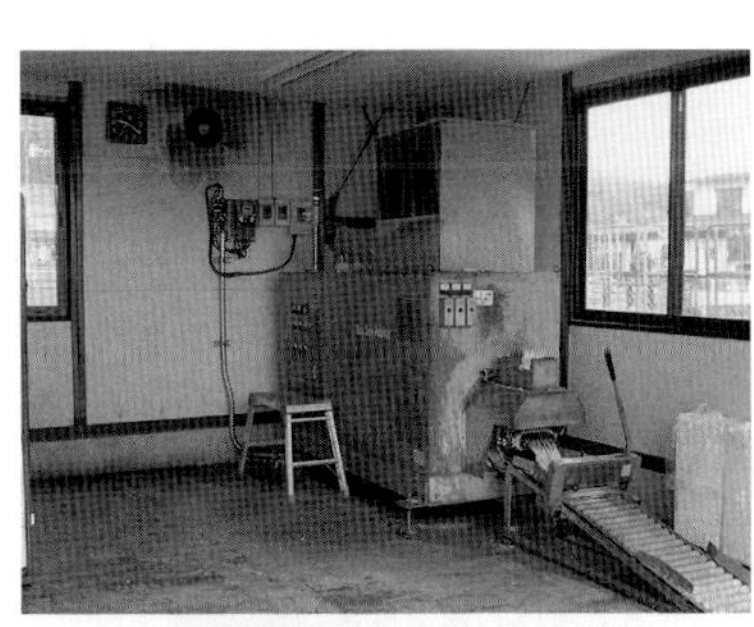

図5－4　廃食油発電機で運転中の発泡スチロール減容化装置

回収した廃食油を燃料として、この施設での稼働実験に取り組みました。

燃料とした使用済み食用油は、いわて生協が家庭から回収したものを濾過しただけのものを使用しました。発電機のメンテナンスとしては、燃料中のごみによる詰まりやエンジン内の汚れを防止するため、マニュアル記載の整備間隔の半分程度でフィルタやオイルを点検、交換することにしました。また、導入現地である盛岡市では冬期の厳しい寒さにより、油の粘度が上がって燃料の供給不良が発生し、エンジンが動かなくなることが予想されたので（**図5-5**）、12月から3月は回収した油をバイオディーゼルに変換した燃料を利用することにしました。

この実験は、現時点でも継続されており、3年間以上、月平均100時間程度の運転で、順調に経過しています。当初の目的どおり、回収した使用済み食用油で、発泡スチロールの減容化作業を実現できており、有効な導入事例といえます。配電盤に既設電源と発電機の電源切替スイッチを配置し、簡単に電源を切り替えることができるようにしてあるため、燃料やスタッフの都合によって発電機を運転しない場合は、既設電源で運転できるようになっています。

（4）保冷剤洗浄装置の事例

（3）の事例が順調でしたので、いわて生協は配達時に使用する保冷剤の洗浄装置を導入する際に、発泡スチロール減容化施設と同様の発電機を電源にすることにしました。導入予定の洗浄装置は、仕様上、約50キロワットと消費電力の大きいもので、これに対応する発電機も相当の大きさとなるところでした。しかしながら、

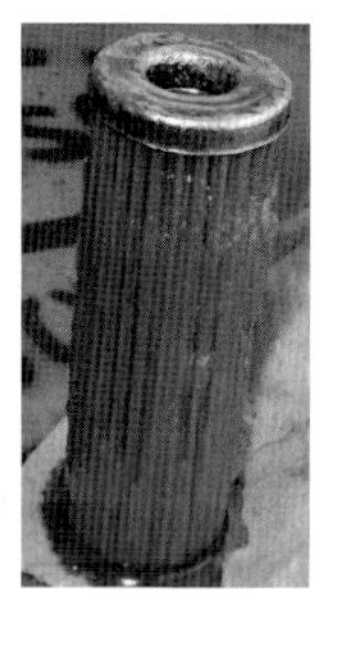

図5-5
低温で凍結したナタネ油利用中の発電機フィルタ（-7℃、盛岡にて）

装置の消費電力を子細に見ると、電気ヒーターが30キロワットと大部分を占めており、これは10キロワットのヒーター2台と、5キロワットのヒーター2台に取替えることができます。そして、各ヒーターが一度に動かないように制御することによって、45キロワット発電機の容量内で利用できるように改造できました。そのほか、この装置には5台のモーターが内蔵されていましたが、始動時の突入電流で発電容量を超えないようにモーターの始動順を制御することにしました。

現状では無変換油は使わずに、バイオディーゼルを燃料として、２０１７年現在まで1年以上、トラブルなく順調に運転中です。当初は装置の消費電力が大きく、発電機の導入が難しいかと考えられましたが、ヒーターやモーターの制御の工夫により、当初の目的どおり、回収した使用済み食用油由来のバイオディーゼルで運転しています。

突入電流

モーターなどの始動時に定格の3倍以上の負荷が瞬間的にかかるので、電源側では考慮しておく必要があります。

発電利用時のポイント

発電機での無変換の植物油利用を行う上での留意点について、以下に挙げました。導入を考えている事業者や個人の方の参考になれば幸いです。

①電気容量と発電機選定

発電機については、運転しようとする装置の電力使用量が発電機の発電容量を上回らないようにする必要があります。さらに、スイッチを入れた直後などの突入電流により、発電機が運転停止しないように、発電機は余裕を持った容量が必要となる点に留意が必要です。また、同時に発電機は低負荷での常用や長時間運転では、エンジン回転数が上がらず、エンジン内部にスス等の汚れが付く要因ともなるため、最低でも3分の1程度以上の負荷が定常的にかかることが望ましいといえます。つまり、突入電流に耐え、しかも無駄な大容量でない適切なサイズの発電機の選定が必要となります。

また、利用する装置側は、通常、発電機での利用を想定していないので、例えば、事例（3）のように装置内部でいわゆる「ピークシフト」を行うことで、装置の仕様よりも大幅に小さい容量の発電機での稼働が可能となる場合があります。そのため、発電機選定時には、利用する装置のメーカーに相談することが望ましいといえます。

②改造について

燃料に対する適応性が高いので、副室式のディーゼルエンジンが、改造するエンジンの種類として適しています。また、一般的にはコモンレール方式での利用は難しいとされていますが、この分野を専門とする研究者からの情報では、燃料噴射の制御を無変換の植物油に対応した設定とするとともに、不純物の少ない適切な燃料を用いることで、技術的には改造可能とのことです。ただ、一般的には、燃料への要求水準が高くなることと、エンジンの制御コンピュータの設定変更など難易度が高いといえます。

筆者らは、実験上の都合から、エルスベット社の改造キットを利用することとしていたため、まずは、同社のホームページ上から、改造キットのある日本製のエンジンを調べました。次に、発電機メーカーのカタログから、同型のエンジンを使っている発電機を調べました。そして、最後にその中から利用する装置に必要な容量の発電機を選定しました。

改造内容は先に述べましたが、基本的には高粘度の燃料物性に対応するために、燃料系統の加熱、フィルタ容量の拡充、ポンプ追加、ノズルの変更などを行います。なお、改造後も従来どおり軽油も燃料として利用できます。

改造作業を通して、改造内容や発電機の構造を現物で確認できるので、基本的には利用者が自ら改造を行うことが望ましいですが、改造作業自体は農機具や車両の整備工場に相談して依頼することも考えられます。その場合でも、やはり利用者側で発電機の仕組みや改造内容を理解し、必要な整備などを把握しておく必要があります。

③トラブルと燃料品質

まずは、発電機、エンジンの知識、改造内容を十分に理解することが、トラブルの防止につながります。そして、燃料中のごみに対応するためのフィルタ類の点検や交換、エンジン内の汚れに対応するためのエンジンオイルの点検や交換は、軽油を利用する場合よりも高い頻度で行うことが必要です。そのような十分なメンテナンスをした上でも、エンジン、発電機の停止トラブルが発生する可能性を常に留意して利用することが重要です。

無変換植物油利用といっても、当然、搾油しただけの粗油や天ぷらかすが浮いた使用済み食用油は燃料として不適当で、1～10ミクロンのフィルタでの濾過を行い、酸価、塩分濃度、水分の確認をしたものを用います。そのほか、冬期など気温が10℃以下になると燃料油の粘度が上昇し、燃料供給不良によるエンジン停止が発生することがありますので、燃料を軽油や脂肪酸メチルエステルに変換した燃料に切り替えるなどの運用上での工夫が必要です。

④法律的なこと

現在まで、事業として発電機を扱っていなかった団体や個人が発電機を導入する際には、燃料の保管・備蓄については消防署、発電に関しては電気保安協会などに問い合わせ、安全な運用方法を理解するとともに法律上問題のない状態で利用するよう留意しておく必要があります。

（金井源太・野中章久）

（参考文献）

1 金井源太・澁谷幸憲・小綿寿志「ナタネ油の燃料利用がディーゼルエンジンへ与える影響」『農業施設』第45巻1号、２０１４年、14-24頁。
2 金井源太・澁谷幸憲・小綿寿志「ナタネ油のディーゼルエンジン利用経過と燃料噴射ノズル汚損状況」『農業施設』第46巻1号、２０１５年、9-17頁。
3 金井源太・野中章久・小綿寿志「無変換ナタネ油および廃食油利用の発電機導入可能性」『農業食料工学会東北支部報』第62号、２０１５年、37-40頁。
4 澁谷幸憲・大谷隆二・天羽弘一・中山壮一「ＦＡＭＥに変換しないナタネ油のコンバインへの燃料利用による化石燃料削減効果」『東北農業研究センター２００９年度成果情報』東北農業研究センター、２０１０年。
5 T. Gassner, E. Remmele, K. Stotz, "Quality assurance for rapeseed oil fuel, Proceedings of 15th European Biomass Conference & Exhibition". 2007, pp. 1982-1984
6 American Society of Agricultural Engineers, "Vegetable Oil Fuels: Proceedings of the International Conference on Plant and Vegetable Oils As Fuels. August 2-4, 1982, Holiday Inn, Fargo, North Dakota". U. S. Amer Society of Agricultural. 1982.
7 飯本光雄「ナタネ油を燃料とした農用小型ディーゼル機関の運転（Ⅰ）」『農業機械学会誌』第38巻４号、

１９７７年、４８３-４８７頁。
8　飯本光雄「ナタネ油を燃料とした農用小型ディーゼル機関の運転（II）」『農業機械学会誌』第40巻1号、１９７８年、5-9頁。
9　飯本光雄「ナタネ油を燃料とした農用小型ディーゼル機関の運転（III）」『農業機械学会誌』第41巻２号、１９７９年、２０１-２０６頁。
10　林重信・久保田譲・澤則弘・梶谷修一「小型予燃焼室式ディーゼル機関の性能に及す菜種油燃料の影響」『農業機械学会誌』第54巻2号、１９９２年、11-21頁。
11　富樫千之・上出順一「ナタネ粗製油による小型ディーゼル機関の運転（第１報）」『農業機械学会誌』第57巻６号、１９９５年、87-95頁。
12　富樫千之・上出順一「ナタネ粗製油による小型ディーゼル機関の運転（第２報）」『農業機械学会誌』第58巻２号、１９９６年、75-82頁。
13　富樫千之・上出順一「ナタネ粗製油による小型ディーゼル機関の運転（第３報）」『農業機械学会誌』第59巻３号、１９９７年、57-64頁。
14　E.sbett, "I-Tank-conversion-kit instructions for city cars and vans to run on straight vegetable oil（SVO）", B-ET-PKW-83/Version 26, pp.9, July 2005.

コラム

井戸水利用で冷暖房？

地下水とそれを利用するための井戸は、今でも多くの地域で使われています。一般的に地下水は、飲用や農業用など水資源として、利用されています。しかし、地下水には熱源としての側面もあります。例えば、夏場にスイカを井戸水で冷やして食べた記憶のある方もいるのではないでしょうか？　これは地下水を冷却用の冷熱源として利用した事例と言えます。また、近年では、ヒートポンプ（エネルギーを温度の低いところから高いところに移動させる機械。〈参照〉地中熱利用促進協会ホームページ）を用いて、地下水を熱源として利用する農業用ハウスの暖房システムも考案されています。この事例では、厳寒地域や豪雪地帯など、外気を熱源とするヒートポンプでは、室外機の熱交換部分の凍結により著しく効率が悪くなる地域での適用が期待されています。

私たちが、現在取り組んでいる研究では、この井戸水をそのまま冷暖房に利用しようとしています。冷房については、夏のスイカの事例と同じように、井戸水が気温よりも低いことからイメージしやすいと思いますが、この冷たい井戸水を熱交換器を通して、冷風を発生させてハウスを冷房します。

暖房については、井戸水の冷たさを考えると利用できないような気がしますが、実際には井戸水は凍結せず、プラスの温度を持っていますし、実際にはその地域の年間平均気温と同じくらいといわれています。したがって、基本的に冬場には気温よりも高い温度を維持していることから、空気を加温する暖房に使うことができます。また、農業用ハウスで栽培する作物にもよりますが、例えば、冬場に作物の凍結防止を目的とするような暖房では、5℃や10℃の地下水でも十分な熱源になりますし、高い温度が必要な作物の場合でも、既存の灯油バーナーなどの別な手段と併用すれば、既存設備の燃料を節約できます。私たちは、地下水から空気へ伝熱させるための熱交換器についても、車のラジエーターを流用することで、安価にシステムを製作し、現在、実用試験を実施しているところです。

（金井源太）

第6章 バイオディーゼル燃料利用先進国ドイツ

日本との類似性

　再生可能エネルギー政策において、日本とＥＵには多くの類似点が見られます。再生可能エネルギー導入義務化（ＲＰＳ）や電力の固定価格買取制度（ＦＩＴ）などの代表的な政策は、ＥＵの経験をベースに作られています。[1]
　政策の類似は、そこで発生する問題の類似を帰結します。例えば太陽光発電では、送電容量を無視した計画や用地確保の目処が立たないままの事業申請、買い取り価格の段階的引き下げによる発電事業者の収益悪化などが指摘されていますが、いずれもＥＵで経験済みのものです。
　これらは、日本のバイオ燃料生産を展望する上で、ＥＵの実態把握が不可欠であることを示唆します。ここでは、ＥＵ最大のエネルギー消費国（加盟28カ国の5分の1を消費）であると同時に、環境意識の高さで知られるドイツを対象とし、事例紹介を交えながら、バイオディーゼル燃料生産の現状と課題を見ていきます。

再生可能エネルギー導入義務化（ＲＰＳ）
　電気事業者による新エネルギーなどの利用に関する特別措置法で、電力会社に対して、定められた目標年までに一定割合以上の再生可能エネルギー発電の導入を義務付けています。日本では２００３年に導入されましたが、その後全面的にＦＩＴ制度にシフトしました。

ドイツの政策と電力事情

ドイツは化石エネルギーからの転換を進める中で、２０００年に再生可能エネルギー優先法（ＥＥＧ）を施行し、非化石エネルギーの生産・利用を積極的に進めています。２００３年にはＥＵにおいて再生可能エネルギー指令（ＲＥＤ）が成立し、加盟各国は輸送部門のバイオ燃料使用割合を２０１０年に５・７５％以上（２０２０年に10％以上）とすることが定められました。これを受けドイツは、２００７年にバイオ燃料割当法を成立させ、２０２０年の温室効果ガス排出量を40％削減する目標を掲げました。具体的には、ガソリンには２・８％のバイオエタノール燃料、軽油には４・４％のバイオディーゼル燃料の混合を義務化しました。なお、２０１０年において、ＥＵ加盟国の中でＲＥＤの目標をクリアしたのはドイツのみでした。このことは、ドイツが温室効果ガス排出削減に熱心な国であることの証左といえます。

ドイツでは、ＦＩＴのもと、電力買い取り価格は発電コストの３〜４倍に設定されました。とりわけ優遇されたのが太陽光発電です。全土に太陽光発電が普及したことで農村景観が悪化し、２０１２年には農地での太陽光パネル設置が禁止されました。なお、ドイツではどの農家も家の前を花や生垣などで美しく整備しており、農村景観保全に対する意識は、日本とは比較にならないほど高いものがあります。

電力の発電コストが上昇した結果、家庭用の電気料金はＦＩＴ実施前の約２倍

再生可能エネルギー優先法（ＥＥＧ）
ドイツのＦＩＴ制度のベースとなる法律です。２０００年に導入されましたが、莫大な財政負担や電気価格の高騰を招いたことから、２０１７年に廃止が決定されました。今後は固定価格買い取りではなく、入札制度による市場競争原理が導入されることになります。

再生可能エネルギー指令（ＲＥＤ）
ＥＵにおけるバイオ燃料政策のベースとなる法令であり、使用する原料の素性を耕作または製造の時点にまで遡って明らかにすることや、温室効果ガス削減量のデフォルト値などが定められています。

（産業用では約3倍）、年間電気料は世帯当たり日本円で約3万円の増加となりました。２０１４年の国民世論調査では、国民の７割がＦＩＴによる再生可能エネルギー電力の増加に反対しています。環境問題への意識の高いドイツにおいてさえ、再生可能エネルギー電力に対する批判は根強く存在しています。

こうした国民からの批判を受け、電力会社は、火力発電原料を低コストの石炭にシフトし、現在では石炭発電を増やしています。２０１２年からの２年間を見ても、石炭発電のシェアは１・６％増加（発電量ベースでは石炭が３・４％増加、石炭より発電効率の低い褐炭が５・１％増加）しました。温室効果ガス削減を目的にＦＩＴを導入した結果、石炭発電が増加したのはあまりに皮肉です。電力価格高騰と温室効果ガス排出増大をもたらしたＦＩＴに対しては、環境保護を主張するいわゆる左派陣営からも強い批判が向けられ、２０１７年に廃止が決定されました。

ドイツにおけるバイオディーゼル燃料のこれまで

（１）原料生産の推移

ドイツでは、輸送用燃料のメインはガソリンではなく軽油です。日本ではディーゼル車といえば、トラックやダンプなどの大型運搬車というイメージがありますが、ドイツでは、メルセデス、アウディ、ＢＭＷなどの高級乗用車もその過半がディーゼル車です。それゆえ、バイオ燃料政策においても、ガソリン車向けのバイオエタノールよりも、バイオディーゼル燃料が重視されています。２０１５年のＥＵ加盟国のバイオディーゼル生産量の上位国を見ると、ドイツが３００万リットルとトップで、フランスが２１０万リットルで続きます。原料は、ドイツではほぼ全量がナタネです。ナタネの栽培面積は１３１万ヘクタール（２０１５年）ですが、食用油・工業油用は4割にすぎず、6割がバイオ燃料用となっています。[2]

　次に、バイオディーゼル燃料の原料となるナタネ生産を見ることにします。

　ＥＵでは、１９８０年代に入り、農産物価格支持政策の影響から食料の過剰生産が本格化します。これを受け、90年代には農地の15％休耕（２０００年以降は10％休耕）が義務化され、ドイツでも多くの農地が不作付となりました。当然ながら、休耕による収入減に対し生産者の不満は高まります。他方、21世紀に入り、エネルギー資源枯渇への懸念から、休耕地を利用したエネルギー作物栽培が検討課題となります。休耕とエネルギー確保、この二つの課題を解決するために、２００３年、エネルギー作物栽培を休耕としてカウントとしつつ、助成対象（1ヘクタール当たり45ユーロ）とする施策が実施されました。続く２００４年には、バイオディーゼル燃料および未変換ナタネ油に対する燃料税（1リットル当たり０・47ユーロ）が免除され、これらの経済的優位性が一気に高まりました。ただし、わずか3年後の２００７年にはバイオ燃料割当法が成立し、２０１０年には軽油並み水準に税額を戻すことが決められました。この影響を最も深刻に受けたのが、環境に優しいとされる未変換ナタネ油でした。

（２）未変換ナタネ油の急増と急減

図６-１には、政策変更の影響が顕著に示されています。[3] ドイツの未変換ナタネ油生産量は、燃料税が免税となった２００４年に３万トンからスタートし、２００７年には71万トンにまで急増します。しかし、再課税の影響もあり、２０１５年には最盛期の３００分の１にまで減少しました。未変換ナタネ油は、政策が生産に大きな影響を及ぼした代表例といえます。

ところで、ディーゼルエンジンは、もともとピーナッツ油の利用を前提として開発されたものであり、未変換ナタネ油とは高い親和性があります。

未変換ナタネ油は、①ディーゼル変換プロセスが不要、②農機具や自家発電での利用に適し輸送が省略可能、という特徴があります。製造や利用にかかる温室効果ガス排出量が少なく、その温室効果ガス削減効果は、ナタネを原料とするバイオディーゼル燃料の１・５倍もあります。ただし、粘度が高いため、現在主流のコモンレールエンジン車（クリーンディーゼル車）での利用には不向きという弱点があります。[3]

（３）バイオ燃料生産の実態

生産実態を見てみましょう。私たちはドイツ南部バイエルン州において、これまで複数回調査を実施しています。以下は、州都ミュンヘンの北約百キロに位置するミュールハウゼン市のバイオ燃料事業者Ｊｕｒａｐｓ社（以下、Ｊ社）の事例です。

Ｊ社は、２００４年のバイオ燃料に対する免税措置を受け、２００５年に有限

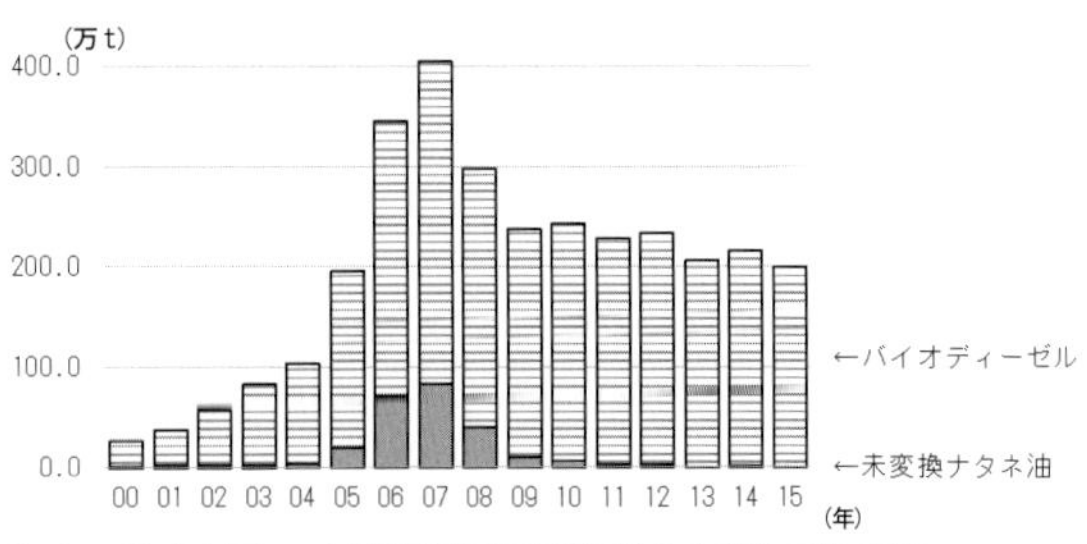

図６-１　バイオディーゼル燃料及び未変換ナタネ油の生産量
資料：Umwelt Bundesamt（2017）【注３】

会社（GmbH）として設立されました。市内三つのマシーネンリングが母体となっており、出資戸数は242、出資金は1戸平均5千ユーロとなっています。なお、マシーネンリングを母体としたバイオ燃料事業体はドイツ国内に4社ありますが、J社の生産規模が最大です。

J社の年間ナタネ処理可能量は6千トン、搾油率40％としたナタネ油生産可能量は2万4千トンです。2007年の再課税の影響から、2013年の処理量は最盛期の4割（2千トン）にまで減少しました。ナタネ由来燃料の生産環境は悪化していますが、地域の協力、すなわち「価格は高くても地元産燃料用を利用する住民運動」もあり、出資者には年3％配当を実現しています。ドイツの定期預金金利は年0・5％ですので、かなりの高配当といえます。

生産したナタネ油の85％は未変換ナタネ油として自家発電に用いられ、15％が農業機械用の潤滑油として販売されます。食用は0・5％に限られます。機械用油および食用油は主に農協店舗で販売され、搾油後の残さであるミールは飼料として畜産農家に販売されます。ミールの年販売額は40万ユーロであり、搾油所の経営を支えています。ミール販売が経営を支える構造は、日本でも同様に観察されます。[4]

未変換ナタネ油の収益性はどうでしょうか。2013年冬の調査時点で、軽油価格は1リットル当たり1・5ユーロでした。対して未変換ナタネ油は、生産コストが0・9ユーロ、燃料税が0・47ユーロ、これに付加価値税（日本の消費税に相当）が7％上乗せされます。なお付加価値税については若干説明が必要です。ドイツでは、食料品の付加価値税は軽減税率が適用され7％ですが、燃料は通常

有限会社（GmbH）

一人または複数の自然人または法人によって設立されます。ドイツでは伝統的に、株式会社ではなく有限会社の形態をとるケースが少なくありません。資本会社であるため、責任範囲は会社の財産に限られます。最低資本金は2万5千ユーロです。

マシーネンリング

1958年、機械作業の受委託を仲介するいわゆる農業機械銀行としてバイエルン州で誕生した組織です。組織への加入・脱退は自由とされます。近年では、農業労働力の仲介も行われています。

品目の19％となります。J社の未変換ナタネ油は食用基準を満たしているため、「燃料」ではなく「食料品・燃料」に区分され、燃料利用の場合でも税率は7％となります。税を含んだ未変換ナタネ油のコストは1・47ユーロですが、軽油よりも燃費が1割程度低いため、軽油換算では1・63ユーロとなり軽油価格の1・5ユーロを上回ります。他方、燃料税が免税であれば、軽油価格を大幅に下回ります。[5]

利用状況を見てみましょう。農業機械メーカー最大手のFENDT社は、未変換ナタネ油対応のトラクターを2007年に発売しました。価格は未変換ナタネ油未対応のトラクターよりも4千～7千ユーロ高く設定されましたが、免税下では燃料費が低く抑えられるため、400～800時間の稼働でペイします。ただ、販売開始直後に燃料税の再課税が決定したため、FENDT社は2007年末には未変換ナタネ油対応のトラクター開発・販売から撤退しました。販売台数はわずか100台でした。このことは未変換ナタネ油生産にも打撃となりました。

J社は、2007年以降も未変換ナタネ油需要を確保し、事業を継続しました。しかし、年間取扱量が数十トン規模の小規模事業体は、そのほとんどが閉鎖を余儀なくされました。[6]バイエルン州では2004年以降、約400の搾油所が建設されましたが、2013年時点で事業を継続しているのはわずか20にすぎません。

食料生産か燃料生産か

ドイツでは食料生産（お皿）とエネルギー作物生産（タンク）のトレードオフが、

「お皿とタンクの問題」として議論されています。トレードオフとは、ある選択により他の何かを犠牲にしなければならない関係のことを意味します。

作物由来のバイオ燃料生産では、食料生産可能な圃場で燃料向け作物を栽培する行為が、世界的に逼迫する食料需給に鑑みて、適切か否かが問われています。再生可能エネルギー優先法（ＥＥＧ）に対する代表的な批判は、莫大な補助金ないし免税措置にもかかわらずバイオ燃料の生産量は微々たるものであり、かつこれらの生産は世界の食料生産に悪影響を与える、というものです。２００７年のバイオ燃料に対する再課税や、２００９年の休耕地でのバイオ燃料向け作物生産に対する助成廃止の背景には、こうした社会的批判があります。

加えて、バイオ燃料向け作物生産に関しては、間接的土地利用による環境負荷が議論されています。[7]先進国でのバイオ燃料用作物生産が、途上国での熱帯雨林等の森林開発を誘発し、結果として生物多様性の劣化や温室効果ガス排出を増やす点が問題視されています。

ＲＥＤに示されたデータから、間接的土地利用の影響を少し詳しく見てみましょう。ナタネや大豆を原料とするバイオディーゼル燃料は、対軽油比で温室効果ガス排出量をそれぞれ45％、40％削減します。他方、土地利用に変化を及ぼす場合、途上国での排出が増え、トータルではそれぞれ10％、15％の排出増となります。

２０１２年、２０１３年に実施した現地調査では、間接的土地利用の評価は二分されていました。農民連盟や生活協同組合といったいわゆる左派系の団体は、間接的土地利用の考えに賛同し、バイオ燃料向け作物生産自体を批判します。他方、州農業省および研究・普及機関は、間接的土地利用の考えには賛同しつつも、熱帯雨林における温室効果ガス排出係数は信頼性に欠け、取扱いには慎重さが求められるとしています。なお、国連気候変動に関する政府間パネル（ＩＰＣＣ）第五次報告書には、間接的土地利用の影響は無視できないこと、作物由来のバイオ燃料生産は、環境に負の影響を及ぼすことが示されています。

日本では、バイオ燃料生産が義務化されていないため、「お皿とタンクの問題」や間接的土地利用に関する議論はほとんど行われていません。しかし、地球温暖化対策の観点から、今後国民的関心事項となるのは確実です。政府の要請を待つのではなく、市民レベルで積極的に議論を巻き起こしていくことが期待されます。

バイオ燃料生産と使用済み食用油の今後

ドイツにおけるバイオディーゼル燃料生産の現状と課題について、事例紹介を交えつつ整理しました。あわせて、制度変更が未変換ナタネ油の急増と急減をもたらしていることを確認しました。

ドイツの環境政策は非常に優れており、模範とすべきといった報道をしばしば目にしますが、バイオ燃料生産では、さまざまな問題を抱えていることが明らかになりました。

未変換ナタネ油が制度変更の影響を受けているとしましたが、この数年はバイオディーゼル燃料自体が逆風の中にあります。２０１３年にはＲＥＤが改正され、間接的土地利用を考慮した評価が義務づけられました。また、２０１５年にＥＵは、バイオ燃料の温室効果ガス削減効果は低いとして、化石燃料に対する作物由来のバイオ燃料の混合率を7％に制限し、かつ10％の混合目標の棚上げを決定しました。さらに、２０１６年には、作物由来のバイオ燃料の混合率を段階的に引き下げ、２０３０年に３・８％に引き下げること、非作物由来のバイオ燃料の混合率を引き上げることを提示しました。このほか、作物由来バイオディーゼル燃料の製造施設新設を２０１７年以降、実質的に禁止しています。以上の生産環境の悪化を背景に、２０１６年のナタネ油由来のバイオディーゼル燃料の生産は、前年比34％減と大幅減となりました[8]。

未変換ナタネ油がほぼ消滅し、ナタネ由来のバイオディーゼル燃料も見通しが暗い中、使用済み食用油への注目が集まっています。使用済み食用油の利用は作物生産を誘発しません。当然ですが、間接的土地利用変化による温室効果ガス排出量はゼロです。使用済み食用油は環境にやさしい原料なのです。ＥＵの基準では、使用済み食用油をバイオディーゼル燃料化する場合、2倍カウントルールが適用されます。2倍カウントルールとは、例えば、使用済み食用油を用いたバイオディーゼル燃料を化石燃料に1％混合した場合、それを2％とカウントするものです。これにより、バイオ燃料の混合義務をより少ない量で満たすことができます。

実はドイツでは、これまで使用済み食用油の燃料化の注目度は高くはありませんでした。免税措置の廃止等の逆風がありましたが、近年までナタネ油のディーゼル燃料化が経済的に有利であったためです。

近年、使用済み食用油の注目度は急激に高まっていますが、原料を途上国からの輸入に頼っているのが現状です。バイオディーゼル燃料向けに栽培したナタネをＥＵ域外に１００万トン以上輸出し、埋め合わせる形で使用済み食用油を輸入する行為は、いくらルールを守るためとはいえ、容易に賛同することはできません。

日本のバイオ燃料政策はＥＵやドイツの経験をベースにしていることを確認しましたが、こと使用済み食用油に関する経験では日本が先行しています。化石燃料の枯渇が懸念される中で、日本のこれまでの取り組みを整理し、評価することは、ドイツをはじめとするＥＵ各国にとって有益と考えます。

（小野　洋）

（注）

1　European Commission, "directive 2009/28/EC of the European parliament and of the council of 23 April 2009 on the promotion of the use of energy from renewable sources", 2009. European Commission, "Proposal for a DIRECTIVE OF THE EUROPEAN PARLIAMENT AND OF THE COUNCIL on the promotion of the use of energy from renewable sources", 2016.

2　Committee for the Common Organisation of Agricultural Markets, "OILSEEDS and PROTEIN CROPS market situation", 2017.

3　Umwelt Bundesamt, "Erneuerbare Energien in Deutschland im Jahr 2016", 2017.

4　金井源太・澁谷幸憲・小綿寿志「ナタネ油の燃料利用がディーゼルエンジンへ与える影響」『農業施設』第45巻1号、２０１４年、14-24頁。

5　野中章久「燃料利用を視野に入れたナタネ生産振興と有機農業運動の連携の可能性」『東北農業研究センター研究報告』１１０号、２００９年、１８７-１９８頁。

6　Uhl A., Remmele E. "Small-scaled oilseed processing in Germany", 16th European Biomass Conference & Exhibition, pp. 2038-2041, 2008.

7　Laborde D., "Assessing the Land Use Change Consequences of European Biofuel Policies", IFPRI, 2011.

8　UNION ZUR FÖRDERUNG VON OEL-UND PROTEINPFLANZEN E. V., "Supply report 2016/2017", 2017.

おわりに―使用済み食用油利用の展望―

これまで、バイオディーゼル燃料について、現状や進行中の技術開発、そして先進国ドイツの状況などについて見てきました。第6章で見たように、ドイツではバイオ燃料の中心がバイオディーゼル燃料ではなくなってきましたが、彼らのバイオディーゼル燃料は畑で収穫したナタネを原料としたものです。そのため、使用済み食用油のリサイクルとしての日本の取り組みと、異なる性格をもっています。ですからドイツでバイオディーゼル燃料が作られなくなったとしても、直接日本の取り組みに影響するとは限りません。ただし、バイオディーゼル燃料やナタネ油を直接燃料として使うためのドイツにおけるエンジンに関する技術開発は後退してしまいます。この側面で世界をリードしていたドイツの変化は、世界的な影響を持っています。

また、バイオディーゼル燃料を使う上で注意を要するクリーンディーゼルエンジンの普及は、日本国内におけるバイオディーゼル燃料の需要を減退させる要因となります。その意味では、日本におけるバイオディーゼル燃料も曲がり角にきていると言ってよいでしょう。ただし、すべてのディーゼルエンジンがクリーンディーゼルに変わっているわけではありませんし、第5章で見たように、さまざまな技術開発が試みられています。この点を踏まえるならば、わが国における使用済み食用油の燃料化は、今後次のような三つの方向での展開が期待できるでしょう。

第一に、従来型のディーゼルエンジンでのバイオディーゼル燃料の利用です。これは、建設機械や少し型が古い農業用機械などが対象です。とくにコメの生産に顕著なのですが、収益性が停滞している場合、最新式の機械を購入することは難しく、今まで使っていた機械をできるだけ長く使おうとします。公共事業が減っている建設業なども同じ事情を抱えています。このような、型が少し古くなった機械を「バイオディーゼル燃料が使える機械」として再評価し、積極的にバイオディーゼル燃料の使用を働きかけることが有効でしょう。もちろん、古い機械を使うことによって生産性を著しく下げるようなことは、あってはなりません。しかし、生産性をあまり下げない範囲で「バイオディーゼル燃料が使えるエンジン」を大切にしていくことは、廃棄物削減の観点からも推奨されるべきことでしょう。

第二に、発電利用です。多くの発電機は従来型のディーゼルエンジンですので、バイオディーゼル燃料の使用に向いています。また、第5章で見たように使用済み食用油を濾過しただけで燃料にする技術も実用化されています。発電機でのバイオディーゼル燃料利用、および使用済み食用油の直接燃料利用は、いまだあまり取り組まれていませんが、今後普及することが期待されるものです。とくに第3章で見たように、使用済み食用油の回収に取り組みやすい生協などでは、消費者の環境意識向上や電気代節約など導入効果が大きいものと考えられます。

第三に、本書では取り上げませんでしたが、直接燃焼利用があります。これは、バイオディーゼル燃料への精製に向かない低品質の使用済み食用油の燃料利用として、もっとも有効なものです。現在は、このような油を燃料とするストーブ等は市販されていませんが、ビニールハウスの暖房用に手作りしている農家も存在します。金属加工の技能がある人には、難しい工作ではありません。第3章で見たように、各家庭から回収した使用済み食用油は大変高品質なので、そのまま燃やしては「もったいない」のですが、同章で見たように、地域の食品加工会社からの回収品には低品質のものが見られます。これらの低品質のものは現状では「やっかいもの」ですが、ストーブの燃料にすれば十分有効な燃料です。このようなストーブは寒冷地やビニールハウスでの利用が期待されます。

振り返って見ますと、使用済み食用油は、飼料や石けん原料、エネルギーなどさまざまな用途があり、その時代の必要性に合わせて用途がフレキシブルに対応する中で利用が継続的に行われてきたといえます。それは、地域におけるこれまでの絶え間ない取り組みの継続の結果ともいえます。今後も、地域における必要性の発見と創意工夫がこの利用を継続するための鍵になるともいえます。

以上のように、使用済み食用油の燃料化は多岐にわたる可能性を持っています。そして最も重要な点は、これらは地域に新しい資源を作ることを意味している点です。いうまでもなく、日本のエネルギー資源は限られています。かつては薪や炭など地域内で燃料を供給していました。しかし経済成長を経る過程で、効率的な大量生産社会を追い求めた結果、化石燃料にほぼ全面的に依存することになりました。この結果、燃料は地域内で自給するものではなく、地域外から現金で購入するものになりました。これは地域の現金が外部へ恒常的に流出する構造になっていることを意味します。使用済み食用油の燃料化は、このように地域の外側に行ってしまった燃料供給を、もう一度地域内に作り出す試みです。燃料供給を地域内に取り戻すことは、環境面、経済面でも良い効果ももたらしますし、第4章で見たように、災害に強い地域経済を作ることにもつながります。このような地域資源の創出は、私たち一人一人の意識変化を基礎とします。本書がこのような観点で環境やリサイクルをとらえるきっかけになることが筆者一同の願いです。

（野中章久・泉谷眞実）

使用済み食用油のエネルギー利用に関する文献一覧

ここでは、使用済み食用油のエネルギー利用に関する文献を紹介します。順番は発行年の早い文献から始まっています。バイオディーゼル燃料利用に関するものがほとんどを占めています。また、雑誌に掲載された論文も多数ありますが、ここでは入手の容易さを優先し、書籍になっているものに限定しました。

バイオディーゼル燃料全般に関して紹介したもの

- 坂志朗『バイオディーゼルのすべて』アイピーシー、２００６年。
- 山根浩二『改訂新装版　バイオディーゼル　天ぷら油から燃料タンクへ』東京図書出版会、２００７年。
- 松村正利『図解　バイオディーゼル最前線』工業調査会、２００６年。
- 池上詢編纂『改訂版　バイオディーゼル・ハンドブック』日報出版株式会社、２００７年。
- 山根浩二監修『自動車用バイオ燃料技術の最前線』シーエムシー出版、２００７年。
- 上村芳三他『バイオディーゼル　その意義と活用』鹿児島ＴＬＯ、２００８年。
- 井熊均『図解入門　よくわかる最新バイオ燃料の基本と仕組み』秀和システム、２００８年。

バイオディーゼル燃料事業についての紹介や分析を行ったもの

- 染谷ゆみ『ＴＯＫＹＯ油田物語』一葉社、２００９年。
- 吉村元男『地域油田』鹿島出版会、２００９年。
- スマートエナジー編著『ＣＯ$_2$削減プロジェクト最前線　注目企業一五社の横顔』カナリア書房、２００９年。
- 遠州尋美編著『低炭素社会への選択』第４章（バイオ燃料の課題）、法律文化社、２０１０年。
- 植田和弘他『有機物循環論』第３章、昭和堂、２０１２年。

●澤山弘『躍動する環境ビジネス』第8章、金融財政事情研究会、２０１２年。
●野中章久編著『国産ナタネの現状と展開方向』第Ⅴ部、昭和堂、２０１３年。
●泉谷眞実『バイオマス静脈流通論』第８章、筑波書房、２０１５年。

ナタネ栽培と使用済み食用油利用を組合わせた菜の花プロジェクトに関連するもの

●藤井絢子他編著『菜の花エコ革命』創森社、２００４年。
●遠州尋美・渡邉正英編著『地球温暖化対策の最前線』第8章（菜の花プロジェクト）、法律文化社、２００７年。
●服部信司編集担当『世界の穀物需給とバイオエネルギー』Ⅳ-（Ⅱ）（菜の花栽培）、農林統計協会、２００８年。
●内橋克人『共生経済が始まる』第Ⅱ部（菜の花プロジェクト）朝日新聞出版、２００９年。

海外の動向を紹介したもの

●藪下義文『バイオマスが世界を変える』（ドイツ）晃洋書房、２００８年。
●坂内久・大江徹男『燃料か食料か』Ⅳ、Ⅴ（ＥＵ、東南アジア）、日本経済評論社、２００８年。
●加藤信夫『リポート　バイオ燃料と食・農・環境』第三章（ヨーロッパ）、創森社、２００９年。
●小泉達治『バイオ燃料と国際食糧需給』農林統計協会、２００９年。
●薄井寛『2つの「油」が世界を変える』第5章、農文協、２０１０年。
●矢部光保・両角和夫編著『コメのバイオ燃料化と地域振興』第13章（マレーシア）、筑波書房、２０１０年。
●池上甲一・原山浩介編『食と農のいま』５（アフリカ）、ナカニシヤ出版、２０１１年。
●日本大学食品ビジネス学科編著『人を幸せにする食品ビジネス学入門』第4講、オーム社、２０１６年。

（泉谷眞実）

執筆者紹介（執筆順）

泉谷 眞実（いずみや まさみ）
弘前大学農学生命科学部　教授。
1965年北海道生まれ。酪農学園大学専任講師を経て1998年から弘前大学助教授、2015年から現職。稲わらやりんごジュース搾り粕、りんご剪定枝、食品廃棄物のリサイクルに関する流通論的な視点からの研究を行っている。

金井 源太（かない げんた）
国立研究開発法人農業・食品産業技術総合研究機構　上級研究員。
1975年東京都生まれ。筑波大学大学院生命環境科学研究科博士課程修了。博士（農学）。専門は農業工学（乾燥・調製、未利用有機資源の農業利用など）。農業施設学会、農業食料工学会を中心に活動。

野中 章久（のなか あきひさ）
国立研究開発法人農業・食品産業技術総合研究機構　放射線対策連携調整役。
1962年埼玉県生まれ。明治大学大学院農学研究科農業経済学専攻博士後期課程中退。農学博士（京都大学）。1992年農林水産省農業研究センター採用以来、農村における農外労働市場と農業構造、農協の地域農業再編機能、ナタネ・バイオマスに関する研究に従事。現在は原子力災害被災地域の営農再開に関する研究課題を担当している。

小野 洋（おの ひろし）
日本大学生物資源科学部　准教授。
1972年青森県生まれ。五所川原高校を経て、1995年東京大学卒。同年研究職として農林水産省入省。2014年より現職。趣味は島巡り。印象に残っている島は、祝島（山口）および利島（東京）。目下の目標は小笠原諸島旅行。南太平洋キリバス共和国での調査をきっかけに、近年では途上国の貧困問題にも研究のウイングを拡げている。

リサイクル・バイオ燃料が切り拓く新たなビジョン
—使用済み食用油のエネルギー利用—

2018年３月22日　初版第１刷発行

著　者　　泉谷眞実・野中章久
　　　　　金井源太・小野洋

発行所　弘前大学出版会
〒036-8560　青森県弘前市文京町１
Tel. 0172-39-3168　Fax. 0172-39-3171

印刷所　やまと印刷株式会社

ISBN978-4-907192-58-7